張宗賢 百吃不膩

經典台味麵包

Taiwanese Bread

長存人心的在地記憶，50款歷久彌新的經典台味！

麵包職人
張宗賢——著

Commend

認識宗賢師傅到現在，我對他印象很深，對烘焙充滿了熱情與執著，一路辛苦的學習及不斷的鍛鍊精進自己的技術及專業知識。累積了厚實烘焙實力以及匠人精神的養成，才能榮獲多項麵包大賽得獎殊榮。

本書是宗賢師傅本著學習麵包的精神與態度，多年來踏入烘焙的經驗和認知，毫不保留的藉由這本書與大家分享。書中結合詳細完整的圖解示範，實用性極高，非常具有參考價值，相信不論對烘焙的初學者或是專業職人，絕對是最好的參考指導。

統清油脂

宗賢師傅（爆肝師傅），已入行22年，是年輕一輩的麵包人才。完整的一家麵包店，其實不該只侷限於某一式的麵包，而是該包羅萬象的麵包產品，來提供客戶心滿意足的選項。這本新書的概念，亦是如此；而爆肝本人，更是如此。

身為台灣師父，但並不會只是一昧的崇外，努力吸收各國家的精華，來融入適合我們台灣人的麵包。好的麵包不該被定義為什麼式的麵包，而是客人會掏錢出來買的麵包，就是好麵包。歷經傳統麵包店、連鎖體系的店、日系麵包店……等的淬鍊，我相信這融合了各方的技法與經驗，能提供給我們熱愛烘焙的人，更完整的一本專修書。

台灣烘焙產業發展協會 會長

我們都知道成功者的職涯成長，都有其共通的軌跡，踏入職場的第一刻，跟所有平凡的年輕人一樣，會面臨許多做人與做事的問題，宗賢師傅因為依據自己的某種態度、特質、價值觀去面對，逐漸打下基礎、建立口碑，不自覺就贏得機會因而改變了他的整個職涯與人生。

宗賢師傅在麵包領域中有他獨特的創意及手法用心專研，他透過寫書的方式將它麵包職人的歷程分享給大家，呈現台灣在地傳統麵包的創新之作，其中細微的技巧及訣竅都將在本書中逐一呈現。藉由這本書為更多麵包的愛好者帶來很大的助益。

Lilian's House 經理

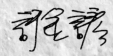

04

Special Thanks

本書能順利拍攝完成，在此謹向：Lilian's House專業烘焙學苑、麥之田食品、利生食品原料有限公司、福市企業有限公司、德麥食品股份有限公司的拍攝協助；李珮華、李岳勳、黃欣儀、黃仲群、謝立能師傅協力製作，由衷致上謝意。

作者序／

麵包是文化的傳承，反映著台灣文化的變遷……

如果說歐式麵包是我的轉捩點，那台式傳統麵包是我做麵包的起點，是的，我是在傳統麵包店學做麵包的。

曾幾何時我也認為傳統麵包是很俗氣跟不上時代潮流的麵包，有段時間我也盲目地去追求法式、日式、德式等等，別人眼中所謂的歐式麵包，深怕被別人貼上口中的「傳統麵包師傅」這個標籤，被貼上這個標籤就好像不會做麵包似的。

經過這些年，當我看見國外師傅來台灣分享麵包時，往往也會做上一兩樣他們麵包文化的傳統麵包，並且自豪地詳細介紹他們的飲食文化，那時我才領悟到，對阿，……假如，假如有這麼一天我可以到國外分享代表台灣的傳統麵包時，如果不會做，那不是一件很可笑的事情嗎？就好比一個法國麵包師傅說他不會做法國麵包，一個德國師傅說他不會做道地的德國麵包一樣，我覺得身為一個麵包師傅如果連自己國家的麵包文化都不了解，那怎麼去了解其他國家的麵包文化？也因此，我檢視自己為什麼要排斥台式麵包，麵包本身沒有不好，是我自己不夠好，無法把傳統麵包做的更好，更到位，所以我排斥它……

我逐漸思考，我能帶給讀者什麼樣的麵包，因此這幾年，我漸漸重新整理，去了解傳統麵包，透過這一本書，我想分享的是傳統台式麵包與糕餅。

基本上隨著時代的進步，童年回憶的麵包是存在的，不同的是味道有所差異，隨著原物料的提升，技術的成長這種種因素下造就風味上有所變更，但我相信傳統精神是不變的，這一本書也只是我們傳統麵包的一部分，盡我所能，就我所了解的，所學到的，在這裡跟大家做些分享，希望能讓大家更認識台式傳統麵包與糕餅。

如果說我們是光陰百代的過客，能分享延續傳統的美味，我樂在其中。

CONTENTS

02 推薦序
05 作者序
08 直擊傳統手藝裡的祕藏滋味
10 BREAD食材基本講座
16 BREAD製作基本講座

Part1
經典台味的新派作風

24 BASIC 基本甜麵團
26 沙茶青蔥
29 花穗香蔥肉脯
32 海苔肉鬆卷
36 菠蘿麵包
40 美味延伸－小山菠
42 奶酥炸彈
48 美好花生
52 紅豆菓子
55 卡士達麵包
58 斑紋墨西哥
62 奶油號角麵包
68 特濃奶酥
71 花見芋香
74 芋香肉脯
77 黑糖酣吉

Part2
懷舊又新潮的復刻滋味

84 BASIC 巧克力大理石麵團
86 黑爵大理石方磚
90 大理石迷你吐司
94 粉雪神木大理石
98 巧克力花旗
102 拔絲奶香包
106 迷你小布里
110 脆皮烤饅頭
114 黃金牛角
118 蘭姆葡萄杉木
122 奶香羅宋
126 超綿卷心吐司
130 巧克力蛋糕吐司
134 乳酪皇冠吐司
137 雞蛋香吐司
140 黃金胚芽吐司

Part3

本土之情的舶來之味

146 酒種櫻花紅豆
150 和風秋栗
152 酒種乳酪起司
154 北海道乳酪奶昔
158 沖繩黑糖麻吉
161 天使之翅
164 紅酒咖哩麵包
168 枝豆白燒麵包
172 香蒜軟法
176 歐克麵包
180 摩卡巧克力
184 紅酒芋泥
190 啾C紅莓乳酪

Part4

老字號的在地驕傲

198 金沙蛋黃酥
202 紫金酥
206 小月餅
210 太陽餅
214 綠豆椪
218 綠豆肉脯
222 澎湃3Q餅
226 和生月餅

發酵種基本講座

80 魯邦種
188 湯種、法國老麵
194 星野生種、星野蜂蜜種

不藏私！美味解密

46 菠蘿皮這樣變化
66 口味多變，奶油霜餡
101 自製巧克力大理石片
113 基本手擀麵團示範
225 美味實用內餡用料

230 **附錄**｜獨具特色的各種食材

本書通則

* 麵團發酵、靜置時間，會隨著季節及室溫條件不同而有所差異，製作時請視實際狀況調整操作。
* 烤箱的性能會隨機種的不同有差異；標示時間、火候僅供參考，請配合實際需求做最適當的調整。食譜沒有特別標明時皆以烘烤溫度作為預熱溫度。

直擊傳統手藝裡的
祕藏滋味

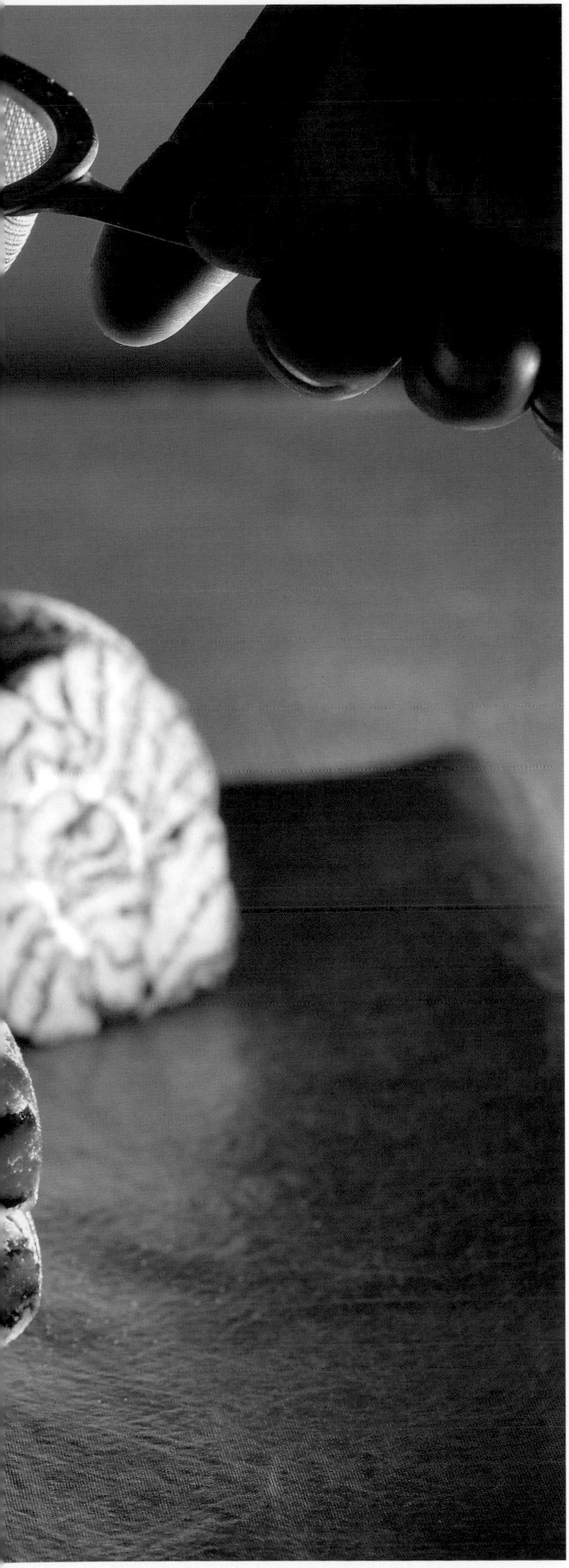

儘管近年來歐式麵包攻佔台灣市場，但台式口味的老味道，仍有無以取代的地位，例如台式第一味的蔥仔胖、揉合日式菓子點心原形的菠蘿、口感綿密紮實味道濃厚的小布里，以及老一輩口中「菲律賓麵包」等等，這些經典的傳統麵包，承載著我們記憶裡的台灣味，是不同於歐式麵包的在地台味。

自成一格，擁有獨自魅力的台式麵包

台式麵包的滋味無窮，以細柔軟綿的口感，豐富多樣的口味，以及飽滿的內餡最具特色。糖含量高的甜麵團，加上就地取材將蔥、紅豆、芋頭、花生等在地食材的美味結合，促成台式特有的經典口味；再者與傳統飲食幾乎都有相互連結的豬油使用，加在青蔥餡料中調味增添香氣，塗刷麵包底盤或出爐塗刷等等，這些台式特出的做工，讓烘烤出的麵包不只油亮光澤、帶焦香金黃口感也總伴隨撲鼻香氣，成就了獨到的台式特色。

外來元素落地生根後的在地特色融合

不管是最具本土口味，油潤噴香的蔥花麵包、香酥綿密的炸彈、內餡軟綿香甜的黑糖地瓜，還是受洋化薰陶有著洋派的外皮，骨子裡帶有台風口味的羅宋、黃金牛角、大理石、脆皮烤饅頭…這些陪著台灣從物資缺乏到繁榮一起長大的經典記憶，以各自其有風味形式，在不同的口味層次裡娓娓話說當年的生活背景，細細道出了屬於台灣人的飲食風情，也更具體而微地呈現出了對食物的多元包容與獨創性…

在傳統與現代中尋求平衡永續創新的「MIT」

熟悉的味道中潛藏著其他店家沒有的獨特美味，這些獨創化、極富魅力的特色就是深入人心的重點。傳統的台式老味道也一樣，傳承裡才吃得到的口味是非常重要的，除了口味上變化和製作方式的提升，符合時代的健康飲食訴求更是延續雋永美味的潮流趨勢。講究食材並在不忘本的手藝傳承同時，活用食材的優勢特色，讓老味道麵包歷久彌新。

BREAD食材基本講座

從食材到風味，
延伸出美味無限的變化組合

麵包香氣的核心

Flour｜麵粉

麵包主要是以麵粉、水、酵母、鹽等主材料，加上其他副材料組合成的；其中對麵包影響最大的就是「澱粉」和「蛋白質」。

依蛋白質含量的比例，蛋白質含量高筋性強的為「高筋麵粉」，含量低筋性弱的為「低筋麵粉」。取決麵粉蛋白質含量的高低外，揉麵的力道程度也會影響筋性形成；而麩質的狀態和緊實程度則會影響麵包口感，這也是攪拌好的麵團，必須延展確認麵筋組織的原因。

○**法國粉**｜書中使用VIRON法國粉，是道地的法國小麥研磨而成，灰分高達0.5-0.6%、蛋白質10.5%製作樸質歐式麵包最能表現出濃郁的麥香，除了製作麵包外，也適合運用製作糕餅。

○**裸麥粉**｜不易產生筋性，攪拌成的麵團容易黏手，製成的麵包紮實且厚重，帶有獨特的酸香氣且濕潤的口感。

○**濱茄特高筋麵粉**｜軟式麵包專用粉，麵團的延展性及膨脹性佳，吸水性良好。高粗蛋白質14.2%，可讓口感有彈力。

○**低筋麵粉**｜蛋白質含量低，麵筋較弱，不太容易形成筋性，不適合單獨用來製作麵包，多會與高粉搭配使用，可讓麵包呈現鬆軟的口感，多用於蛋糕、酥皮類產品。

○**貝斯頓高筋麵粉**｜色澤鮮明，風味秀逸，可製作出成型優良且柔軟麵包，適用於高級吐司、菓子麵包。粗蛋白含量11.5%。

○**全粒粉**｜由整顆小麥研磨而成，具有顆粒感的全麥粉，富含較高的纖維質，礦物質及維他命，能與其他麵粉做搭配使用。

裸麥粉
低筋麵粉
特高筋麵粉
胚芽粉
高筋麵粉
全粒粉

麵包蓬鬆的祕訣

Yeast｜酵母

幫助麵團發酵膨脹的重要材料。酵母發酵會生成二氧化碳，使體積膨脹，而發酵反應中生成的微量酒精與有機酸，則會為麵包帶出不同的酸度風味。酵母的種類依水分含量的多寡，分為新鮮酵母、乾酵母與速發乾酵母。依不同的麵包種類及製法，使用的酵母種類及用量也有不同。

○**新鮮酵母**｜新鮮酵母裡約有70%水分、30%成份的酵母壓縮製作成濕潤塊狀，不需提前活性化，直接弄碎就可加入使用。適合短時間發酵的軟式麵包製作，可用於糖分高與冷凍型式的麵團。

○**即溶乾酵母**｜乾燥顆粒狀。不需預備發酵，可直接加入麵團當中使用。又有低糖、高糖乾酵母的分別，低糖乾酵母適用在無糖、低糖類型的麵團；高糖乾酵母具有較高耐糖性，在高糖量的麵團中能較完整發酵，適用糖量高的麵團。

形成麩質支撐的重要角色

Water｜水

在麵包裡占了相當大的比例，麵粉中的蛋白質吸收水分會形成麵筋，構成麵包的骨架。水溫會影響麵團的吸水量和筋度，也會影響澱粉膨脹的狀態，一般以使用室溫的飲用水，再視實際環境條狀，適合調整水溫，讓水與麵團能充分結合。

控制麵團彈性與發酵程度

Salt｜鹽

平衡味道外，也扮演著調節麵團發酵速度，緊實麵團的筋質，可讓筋性變得強韌有嚼勁。鹽若加太多會抑制酵母活性；不夠時麵團會過度鬆弛會影響質地份量。

提升麵包香味和口感

Egg｜雞蛋

具有強化麵團組織，讓麵團保持濕潤口感的效果。可增加營養價值，提升麵包的香氣風味，其中蛋黃中的卵磷脂能提供乳化作用，能有效延緩麵包老化，增加柔軟。

維持麵團的濕潤蓬鬆

Sugar｜砂糖

是酵母的營養來源，具有幫助發酵作用。不僅能增添麵團甜味，也能讓麵團變得更柔軟；保濕性高能延緩老化防止麵包變硬和失去風味。高溫烤焙下砂糖本身的焦化反應，以及結合蛋白質的梅納反應，能增加麵包烘烤的顏色和香氣。

○**水麥芽**｜透明無色，由發芽米或麥芽澱粉製成，特徵外觀透明如水，呈黏膏狀，使用於烘焙糕餅中，更容易考出漂亮的色澤。

○**糖粉**｜細砂糖磨成極細粉末狀添加少許玉米澱粉製成，具防潮及細緻的特點，可用於表面裝飾。

提高麵團的延展性

Butter｜奶油

可增添麵包的風味外，也能讓麵團延展性及柔韌度變得更好，可烘製出質地濕潤、富彈性的柔軟麵包。由於油脂的成分會阻礙筋性的形成，因此製作高油量麵團時多會筋性形成後再加入麵團中攪拌。

○**無水奶油**｜多使用於酥皮類糕餅。是去掉蛋白質、水分、乳糖和其他非乳脂固形物無後，留下的純奶油脂肪，用在製作酥皮類糕餅時，可做出酥脆可口的餅皮。

○**奶油乳酪**｜呈淺白色，質地綿密柔軟，是以乳酸菌致使奶油發酵而成的乳製品，有微微酸味，味道濃風味佳，是起司餡重要的材料。

酵母的養分與活性來源

Malt Extract｜麥芽精

由大麥萃取而成的精華，含澱粉分解酵素，能促進小麥澱粉分解成醣類，成為酵母的營養源，可提升酵母活性促進發酵。書中使用在魯邦發酵種、法國老麵。

使麵包柔軟的配角

Milk｜乳製品

鮮奶可賦予麵包濃郁香氣、柔軟質地，可取代麵團中的水分。要注意如用新鮮牛奶未經過熱處理，會造成麵團緊實、體積縮小，最好先加熱過破壞其中的乳清蛋白後再使用；若是脫脂奶粉皆已經熱處理過，可直接添加麵團中使用。

○鮮奶油｜從牛奶分離出來的液體乳脂肪，富有濃郁的乳香風味，能讓麵團增加滑順、柔軟、保濕作用，適合材料豐富的麵包。

○奶水｜又稱「淡奶」，是牛奶蒸餾過去除部分水分而成，味道較牛奶稍濃郁，可提升風味。

○煉乳｜加糖、濃縮的牛奶，在製作過程中約去除60%的水分，再加入含量高達40-45%的糖，能賦予產品濃郁的奶香味。

○奶粉｜增加麵包風味作用，脫脂奶粉中的乳糖不能被酵母分解，因此乳糖所產生的焦化反應和梅納反映能使麵包更容易著色，呈現誘人的金黃色。

豐富口感，增添麵包風味

Nut & Dried fruit｜堅果果乾

可加入麵團中的食材各式各樣，像是堅果、果乾或者蔬果用粉等等，可豐富口感與風味外，還有增色添香的作用。

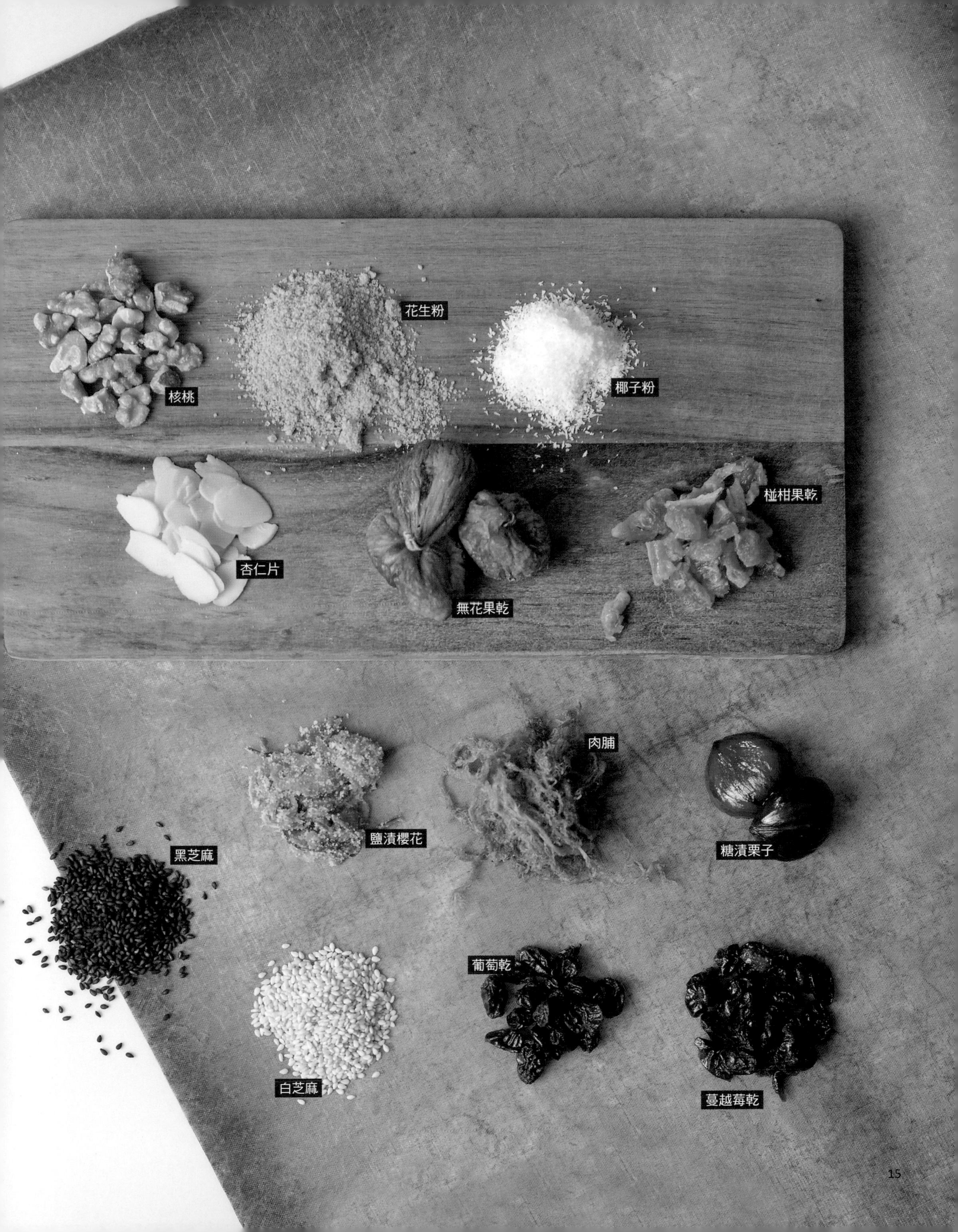
核桃
花生粉
椰子粉
杏仁片
無花果乾
橙柑果乾
肉脯
鹽漬櫻花
黑芝麻
糖漬栗子
白芝麻
葡萄乾
蔓越莓乾

BREAD製作基本講座

從攪拌到烘焙，做出完美麵包的共同技巧

開始前，先認識麵團製作的基本原理，
了解各種麵團的屬性，掌握麵包製作的基本流程；
混合攪拌、基本發酵、分割、滾圓、中間發酵、整型、最後發酵、烘焙。
從攪拌開始到烘烤完成，了解麵包的製作重點打好基礎，
掌握美味的關鍵，輕鬆做出美味麵包。

01
關於甜麵團

書中運用廣泛的甜麵團是以7:3中種法製作。透過中種法與低溫長時發酵的方式來強化酵母的發酵力，讓麵包體更加柔軟，搭配魯邦種提升麵團本身的保濕性，增進濕潤細緻的口感，帶出獨特乳酸風味，更添風味。

甜麵團中使用的高筋麵粉主要是，依濱茄特高筋麵粉70％、貝斯頓高筋麵粉30％混合調配而成的。藉由濱茄特高筋麵粉其良好的膨脹性，彈力高，搭配貝斯頓高筋麵粉其柔軟，化口的特性帶出最大的特色。由於麵團甜味溫和，清爽不膩，做出來麵包膨鬆軟柔又好入口，可廣泛運用在甜麵包或鹹麵包。

這款麵團容易製作，是我最喜歡用來呈現菓子麵包口感特色的麵團之一。當然，若使用自己喜愛的高筋麵粉來製作也可以，只是就用粉的特色，會有風味與特色上的不同而已無損美味。

02
攪拌的作業

麵粉加水攪拌時，蛋白質就會產生麩質的物質，讓麵團裡布滿網狀形成膜，麵團發酵過程中，可使蛋白質分子結合起來形成網絡結構，增加麵團彈性和黏性，這也是麵包蓬鬆口感的來源。

製作麵包最重要的就是做出狀態穩定的麵團。關於攪拌，書中採行的做法是以商用攪拌機操作，用低速（分鐘）、中速（分鐘）、高速（分鐘）的方式來標示麵團攪拌速度及時間。然而因製作、環境條件的不同會有差異，書中的數據只作為依據參考，攪拌製作時還是得就實際的狀況斟酌調整到符合理想的狀態。

麵筋狀態的確認

麵團的狀態是決定攪拌速度或攪拌完成的重要判斷標準，在過程中必須以延展的麵團確認麵筋組織的狀態，做適合的調整。

◯撐開麵團確認麵筋狀態

取部分麵團，以指腹慢慢拉開麵團，由中心朝兩外側的方向延展撐開、拉薄麵團。至形成可透視指腹的程度、拉破薄膜時的力道、拉破時薄膜的光滑程度，確認揉和狀態。

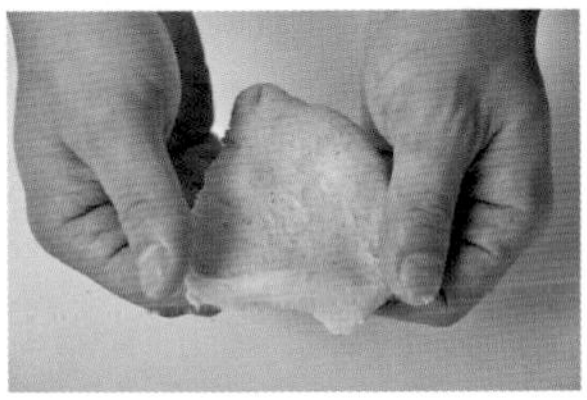

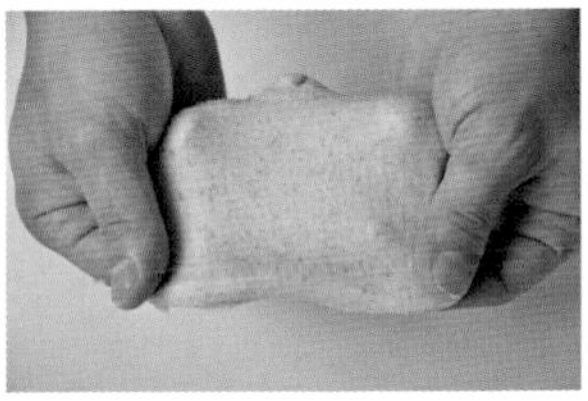

攪拌完成溫度

麵團溫度與水分的吸收、麵團的彈力、保存有關，因此溫度的控制很重要。麵團的最終溫度依麵包種類而定，以書中的麵團來說，基本上麵團攪拌的最終溫度約在26-28℃。若攪拌完成的溫度未達到理想狀況，如溫度偏低時，可延長預定的發酵時間（讓發酵時間比預定時間再稍長些），相反地，攪拌完成的溫度偏高時，則可縮短預定的發酵時間。

◯控制麵團溫度的方法

為維持麵團攪拌完成的理想終溫，有時會事先透過材料的溫度控制，讓攪拌完成時能維持在理想的溫度。常採取方法有：先將預備攪拌的材料（麵粉與含有水分的材料）冷藏降溫處理；或使用冰塊水（或冷水）來控制調節，防止溫度上升。

03 發酵的重點

麵粉加入水經過攪拌後，麵粉中的蛋白質會與水分結合，就會形成富韌度與彈性的網狀組織（麵筋），是麵團重要的關鍵，因為麩質的強度，會讓成製後的麵包產生不同的口感。

至於酵母與水結合後則會開始發酵作用，產生二氧化碳、酒精與其他有機酸等化合物，其中二氧化碳會使麵粉的筋質中充滿氣體，促使麵團膨脹，而酒精與有機酸則能促使麵團熟成，帶出麵包的風味與香氣，這也是醞釀麵包美味與否的關鍵所在。

基本上麵包美味與否，發酵是否恰當占了很大的因素，發酵不足麵包風味不明顯；發酵過度雖然乳酸菌變多，但會造成味道偏酸，酵母味太重。

A 基本發酵

麵團攪拌完成時，第一階段發酵稱為基本發酵，是酵母發酵作用的開始，隨著產氣量慢慢增加，形成麵團膨脹，是麵包美味的來源。讓麵團發酵時要使用密閉容器，放入麵團後，蓋上蓋子避免麵團變乾燥。

過程中翻麵

從麵團攪拌完成到分割的過程中，會替麵團翻麵。在發酵過程中，經由翻面能將二氧化碳、酒精排除，使酵母重新作用，重新產氣，能讓麵筋增強和彈性，也能讓麵團溫度呈現均一。

○翻麵的方法

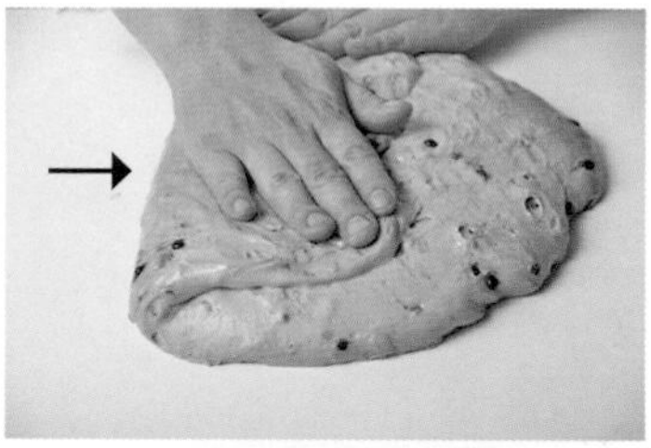

①麵團均勻輕拍排出氣體，將麵團一側向中間折1/3並輕拍。

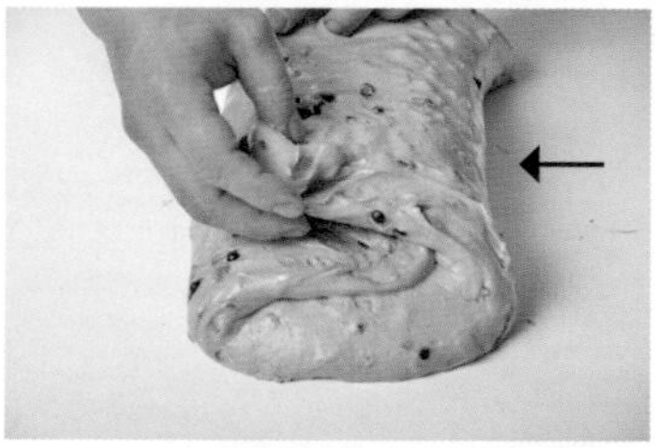

②再將麵團另一側向中間折1/3並輕拍。

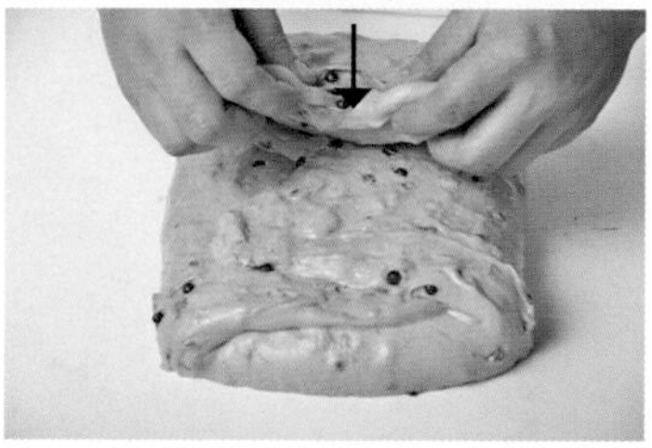

③從內側朝中間折1/3並輕拍。

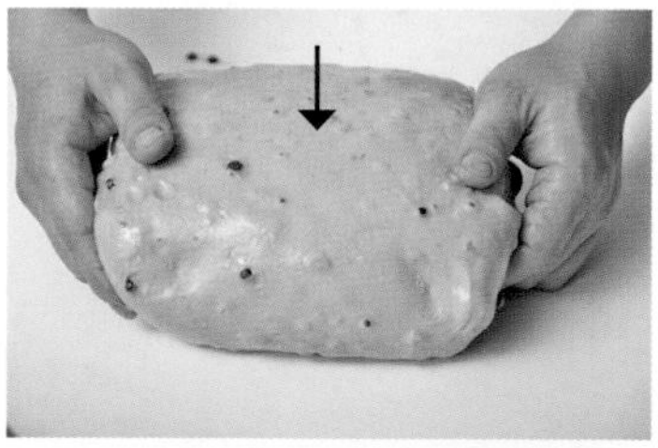

④再朝外折折疊成3折。

⑤使折疊收合的部分朝下，整合平均。

B 中間發酵

麵團分割後會產生強勁的筋性，較緊實不好延展，因此會就麵團做滾圓、靜置（約25-30分鐘）的調整，讓麵筋恢復原有彈性狀態，更易於後續的整型。中間發酵就分割滾圓後的麵團而言是給予鬆弛時間，讓麵團的結構鬆弛恢復到理想狀態。將麵團靜置發酵，可增添綿軟的口感及份量感，相對的，若想要強調酥脆的口感就不需要靜置發酵，在大略塑型後即能進行最後發酵、烘烤。

○靜置鬆弛

麵團在靜置鬆弛時要覆蓋保鮮膜，或是放入密閉容器中蓋上蓋子，避免麵團變乾燥。

C 最後發酵

整型過程中麵團裡的部分氣體也會跟著流失，成型階段的發酵進行，就是要讓麵團裡能充滿了可提升麵包美味程度的香氣成分和酒精，是麵包鬆軟的關鍵。

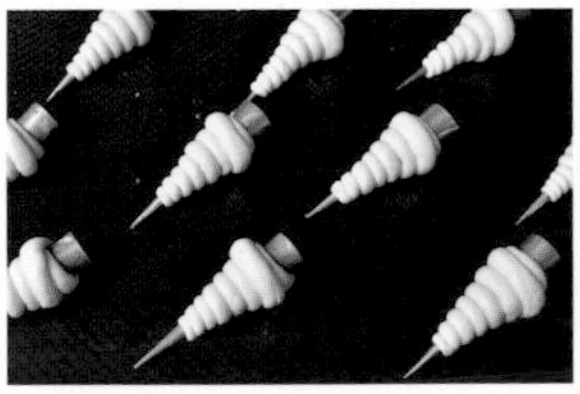
發酵前

發酵後

04 整型的要點

分割後的整型只要將麵團輕柔地包起不需要過度的排放空氣。基本上，麵團的整型多半是將麵團塑整成圓形或使其紮實等，成型各式各樣的形狀。輕柔地將麵團大略成形，可縮短最後發酵的時間，而若要將麵團完成複雜的形狀，就必須多花點作工手法來完成。但也並非就是隨意的變化呈現，還都得視完成時麵包想要呈現的味道口感來考量決定。

台式微美學，麵包整型手法

○ 8字結（麵團25g）

將麵團搓揉細長，從一端繞成小圈，再將另一端從圈狀處穿入形成8字結。成型的麵團表面可鋪上各式鹹餡料搭配。

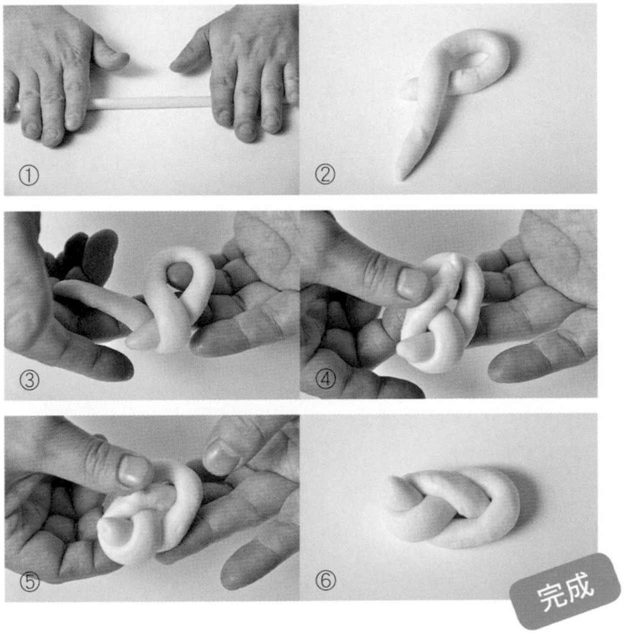

○岩紋（麵團50g／內餡25g）

將包覆內餡的麵團壓扁後，擀成橢圓片，捲起，對折，從折疊處切劃開（不切斷），並就切口處往兩側展開成型。

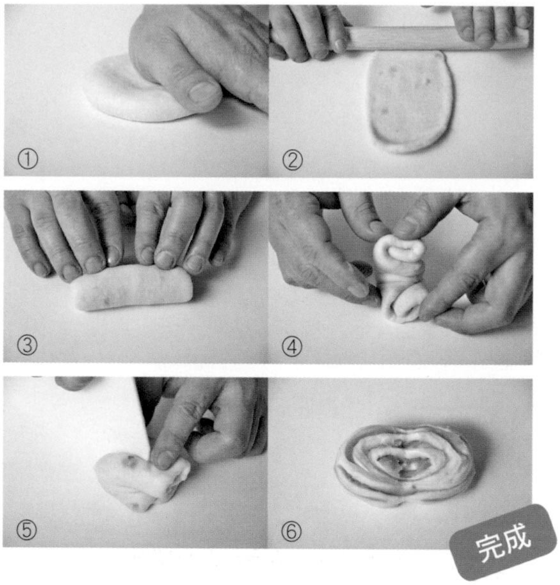

○花環（麵團75g）

將麵團搓揉細長，先繞出小圈，再將一端麵團從圓圈底部繞出，順勢纏繞到底，收合於底部。

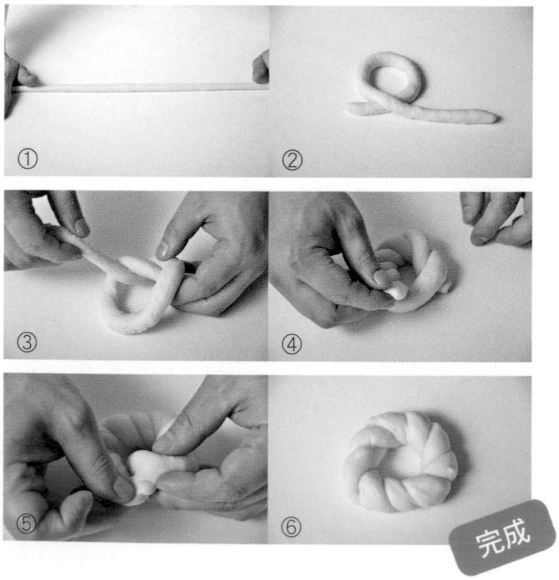

○小太陽（麵團50g／內餡25g）

將包覆內餡的麵團壓扁後，擀成圓片狀，從中間切劃出米字刀口，並就刀口將三角狀麵皮往外側展開成型。

○雙辮結（麵團50g／內餡25g）

將麵團擀成片狀，在表面抹上餡料，從外側往部底捲起到底，搓揉均勻成棒狀，再對切成二（不切斷），並將切口朝上交叉編結到底，收合於底成辮子型。

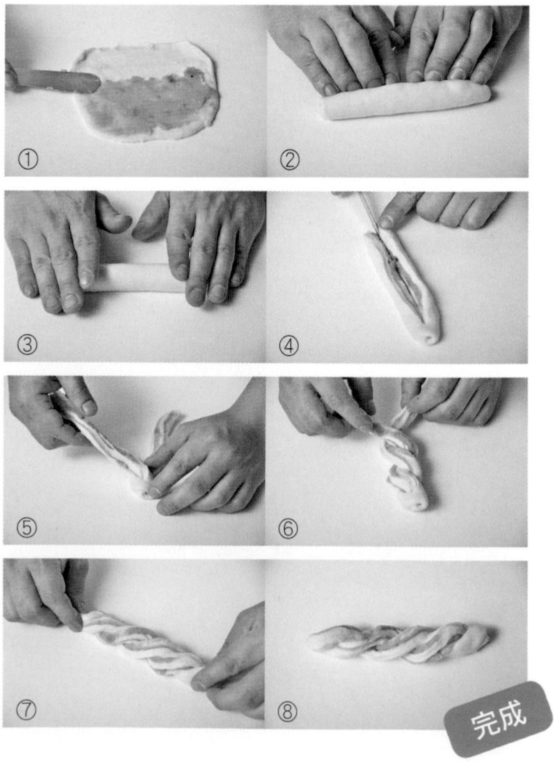

05
烘烤的要領

烘烤是最後的工序，是左右麵包烤製成敗的關鍵。

烤箱因類型的不同，可能會有熱力不均，而呈現不均勻的狀態，為烤出美味的烘烤色澤，在麵包開始烤上色時（或烘烤時間過一半時），可將模型轉向，或將烤盤的前後轉向調整，好讓麵包烤出均勻色澤。

○調頭轉向（調整烤盤位置）

原則上以總烘烤時間的1/2作為轉向的時間，例如烘烤30分鐘時，在烤15分鐘後，調整烤盤位置再繼續烘烤15分鐘，能讓麵包受熱均勻。

為防止烤焙不均，將麵團排放在烤盤上，或是將模具排列在烤盤上時，盡量不要呈一直線排列，而是對稱式地等間距排開，這樣來自側邊的熱力才容易平均地傳熱，熱力才能平均，才能使成品烘烤均勻。

○麵團分布擺法

↑4個。

↑5個。

↑6個。

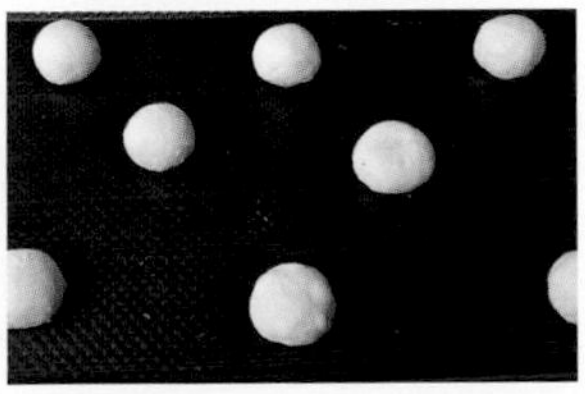
↑8個。

↑10個。

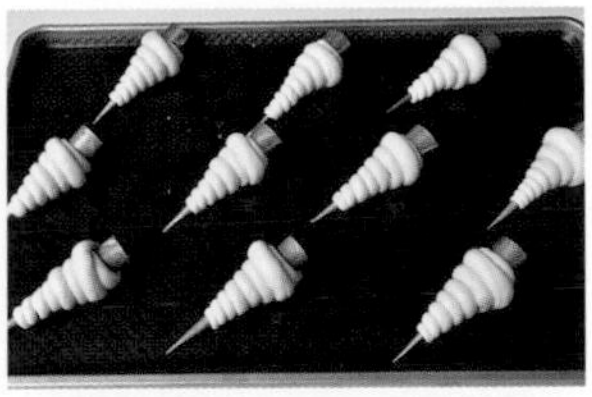
↑10個。

↑15個。

↑15個。

烘烤出爐後立刻將麵包連同模型放在工作檯上輕扣，再移放涼架、脫模，置於通風良好的地方冷卻。這樣才能讓麵包多餘的水氣能散發，避免因水氣的堆積而潮濕軟化，麵包較安定不會收縮能保有良好的口感。

○烘烤完成的判斷

- **軟式甜麵包類**—烘烤完成的麵包，拿起麵包，輕壓兩側的部分，若會立即回彈，表示烘烤成；若是呈凹陷情形，則代表烘烤得不夠。
- **硬式歐包類**—這類糖油含量較少，甚至是無糖、無油，可就側面、底部是否上色均勻、酥脆度，或是輕壓兩側有無厚實感來判斷。

○烘烤後的包裝

由於是手工自製的麵包，沒有不必要的添加，無法長時間保存，因此冷藏或常溫的保存方式很重要，務必在賞味期限內盡快食用完畢。而對於商品來說，包裝不外乎也是商品的一部分，包裝能讓能讓商品的魅力更加分。然而外觀的講究固然重要，但最該考量、首重的還是在衛生和安全無虞狀況將商品包裝起來。

PART 1

經典台味的新派作風

深入深邃的時光隧道，尋找舊時光的美味風景，從兒時的軸心移轉，尋味熟悉又陌生的美好曾經，歷經歲月刻劃卻仍無損美好滋味的經典台味。

BASIC

基本甜麵團

早期麵包店裡最常製作的麵團就是白吐司麵團、甜麵團。各式麵包商品幾乎都是以此屬麵團結合手法、餡料的擴展延伸。像是傳統的紅豆麵包、芋頭麵包、卡士達麵包等就是甜麵團與餡料的活用。非常適合與各式餡料搭配做成鹹、甜口味的麵包。

Ingredients

〔中種〕

高筋麵粉 350g
全蛋 75g
鮮奶 100g
高糖乾酵母 4g
水 50g

〔主麵團〕

高筋麵粉 150g
細砂糖 100g
鹽 5g
奶粉 15g
水 110g
魯邦種（P80） 50g
高糖乾酵母 1g
無鹽奶油 50g

鮮邦種可不加；搭配魯邦種可增加麵團中的乳酸風味，同時也能延緩麵團的老化，讓麵包能維持風味口感。

Step by Step

中種麵團

❶ 將高筋麵粉、全蛋、鮮奶、水、高糖酵母→低速攪拌2分鐘混合均勻，再轉→中速攪拌2分鐘。

❷ 整合麵團成圓球狀放入容器，室溫（30℃）發酵60分鐘。

主麵團攪拌

❸ 將中種麵團、高筋麵粉、細砂糖、鹽、奶粉、水、魯邦種→低速攪拌2分鐘均勻成團後。

❹ 加入高糖乾酵母→中速攪拌3分鐘混勻。

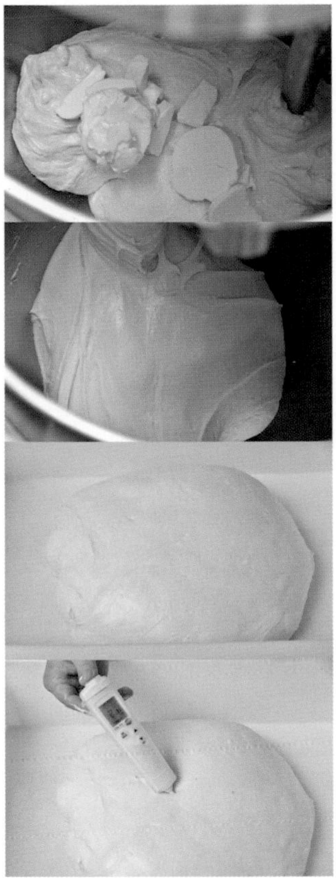

❺ 最後加入奶油轉→低速攪拌2分鐘，再轉→中速攪拌1分鐘（終溫26℃）。

完全擴展

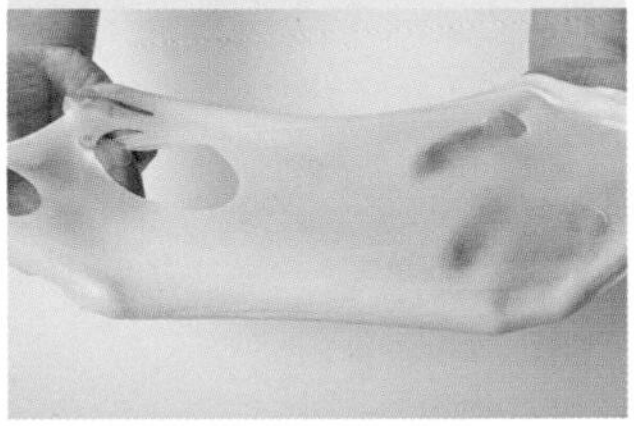

❻ 麵團攪拌完成。麵團可拉出均勻薄膜、筋度彈性。

○基本發酵、翻麵排氣

❼ 整合麵團成圓球狀放入容器中，基本發酵15分鐘。

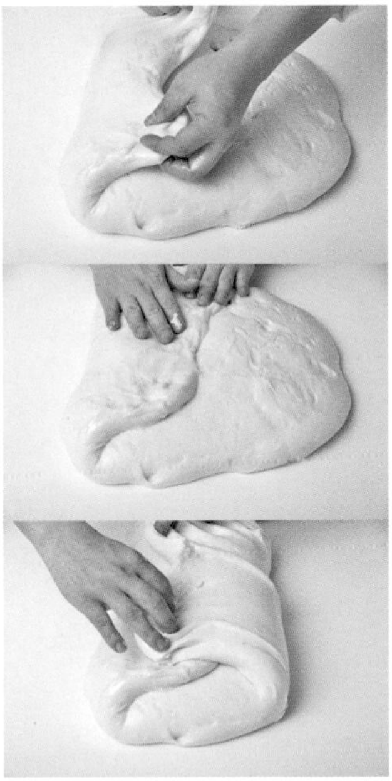

❽ 輕拍壓整體麵團，從左側朝中間折1/3，輕拍壓，再從右側朝中間折1/3，輕拍壓。

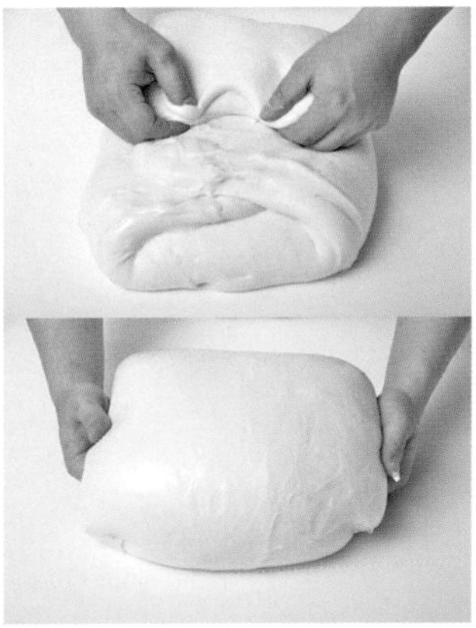

❾ 由內側朝外折1/3，輕拍壓，再向外折1/3將麵團折疊。

❿ 繼續發酵15分鐘。

○分割、中間發酵

⓫ 分割麵團成所需的個數、重量，輕拍稍平整，由內側往外側捲折，收合於底。稍滾動整理麵團成圓球狀，讓表面變得飽滿，中間發酵25分鐘。

○整型

⓬ 將麵團整合成最後麵包形狀的製作。整型、最後發酵、烘烤、裝飾等操作。

SPRING ONION BREAD

沙茶青蔥

麵團
中種法
甜麵團

模型
--

份量
約20個

保存
常溫
當天

Ingredients

〔中種〕

高筋麵粉	350g
全蛋	75g
鮮奶	100g
高糖乾酵母	4g
水	50g

〔主麵團〕

高筋麵粉	150g
細砂糖	100g
鹽	5g
奶粉	15g
水	110g
魯邦種（P80）	50g
高糖乾酵母	1g
無鹽奶油	50g

〔沙茶青蔥餡〕

青蔥	200g
全蛋	50g
橄欖油	50g
鹽	2.5g
沙茶醬	8g

〔表面用〕

全蛋液	適量

商品的重點

沙茶調味的蔥麵包是早期台灣麵包店常見的方式之一。基本上青蔥餡，可以就豬油、鵝油、奶油、橄欖油，或者其它液態油運用，每種調配各有不同的風味。這裡使用橄欖油更符合健康概念外，也可避免濃厚油脂味掩蓋掉沙茶的風味。

Step by Step

沙茶青蔥餡

❶ 將蔥花、鹽略稍拌勻，再加入其他材料輕輕拌合，拌到油脂完全融合狀態。

- **傳統青蔥餡口味**。青蔥200g、全蛋50g、豬油50g、鹽2.5g。
- **玉米火腿餡**。把拌好的沙茶青蔥餡，加入瀝乾水分的玉米粒、火腿丁混合拌勻，就成了另一種常見的變化口味。

⬇

製作麵團

❷ 麵團製作參見P24-25「基本甜麵團」作法1-10完成製作。

❸ 分割麵團成50g，輕拍稍平整，由內側往外側捲折，收合於底。稍滾動整理麵團成圓球狀，讓表面變得飽滿，中間發酵25分鐘。

整型、最後發酵

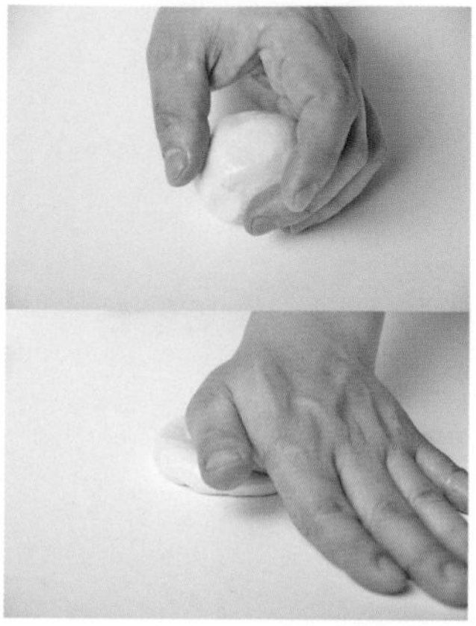

❹ 將麵團稍滾圓，用手掌輕拍麵團排出氣體、平順光滑面朝下。

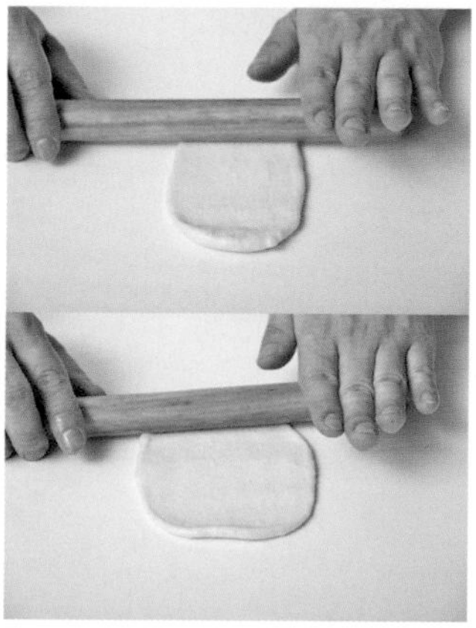

❺ 用擀麵棍由中間朝上下擀壓平，轉向橫放再擀壓平成圓片狀。

❻ 擀壓成直徑10cm圓片狀，等間距的整齊放置烤盤中，最後發酵60分鐘。

麵團稍風乾後塗刷蛋液會更顯光滑感。

⬇

烘烤

❼ 用毛刷在表面薄刷全蛋液，鋪放沙茶青蔥餡（25g），平整均勻。

❽ 放入烤箱，用上火260℃／下火170℃，烘烤8分鐘。出爐，連烤盤重敲震出空氣，放涼。

SPRING ONION BREAD
WITH PORK FLOSS / 花穗香蔥肉脯

SPRING ONION BREAD WITH PORK FLOSS

花穗香蔥肉脯

麵團
中種法
甜麵團

模型
--

份量
約10個

保存
常溫
當天

Ingredients

〔中種〕
- 高筋麵粉 350g
- 全蛋 75g
- 鮮奶 100g
- 高糖乾酵母 4g
- 水 50g

〔主麵團〕
- 高筋麵粉 150g
- 細砂糖 100g
- 鹽 5g
- 奶粉 15g
- 水 110g
- 魯邦種（P80） 50g
- 高糖乾酵母 1g
- 無鹽奶油 50g

〔內餡〕
- 沙茶青蔥餡（P26） 130g
- 肉脯餡 150g

〔表面用〕
- 全蛋液 .... 適量
- 白芝麻 .... 適量

商品的重點

香蔥麵包的創意延伸款。不同青蔥麵包將餡料鋪滿表面讓美味顯露，而是以包藏其中結合切口的方式讓餡料外露，不減原有的獨特香氣外，也因為麵團的包覆讓容易乾燥、烤焦的肉脯保有更濕潤的絕佳口感。

Step by Step

肉脯餡

❶ 將肉脯（100g）與橄欖油（30g）混合拌勻即可。

製作麵團

❷ 麵團製作參見P24-25「基本甜麵團」作法1-10完成製作。

❸ 分割麵團成100g，輕拍稍平整，由內側往外側捲折，收合於底。稍滾動整理麵團成圓球狀，讓表面變得飽滿，中間發酵25分鐘。

整型、最後發酵

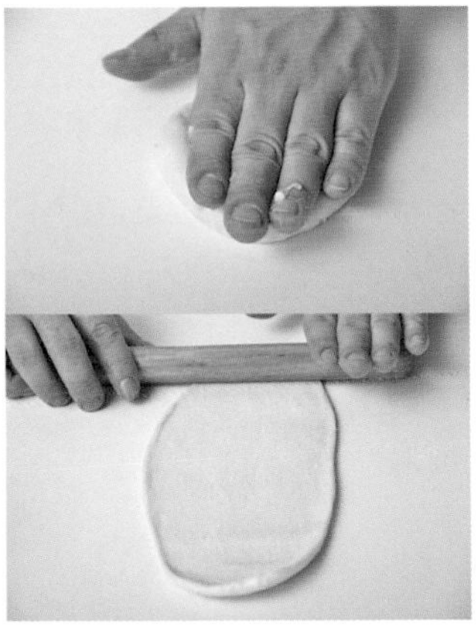

❹ 將麵團稍滾圓，用手掌輕拍麵團排出氣體，用擀麵棍從中間朝上下擀壓平成長片狀。

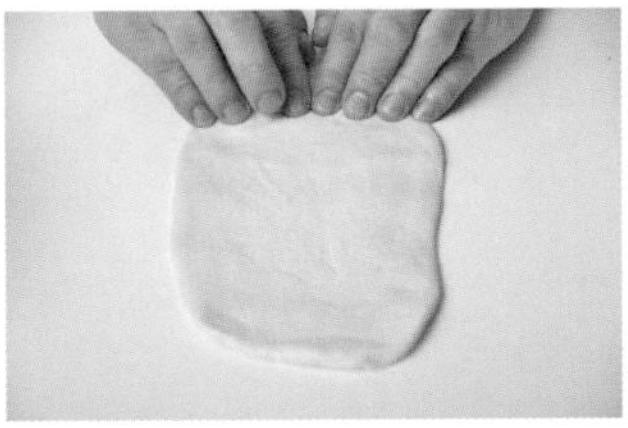

❺ 平順光滑面朝下，並在底部稍延壓開（幫助黏合）。

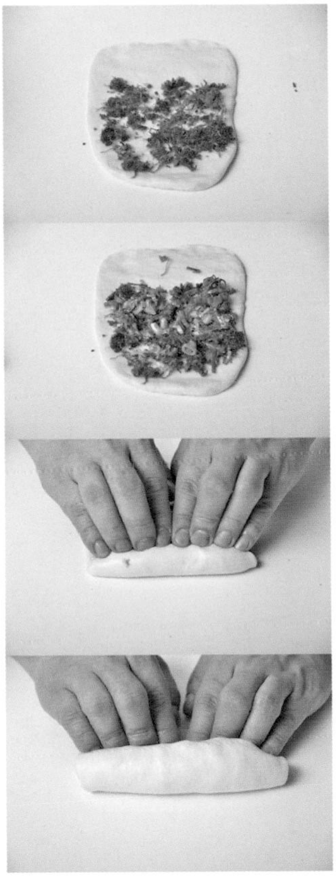

❻ 在表面平均鋪放上肉脯（15g）、沙茶青蔥餡（13g），並從外側往內捲起到底成圓筒狀，稍搓揉均勻。

❼ 用剪刀稍呈斜角地剪出左、右交錯6切口，整齊放置烤盤中，最後發酵60分鐘。

❽ 用毛刷在表面塗刷全蛋液，灑上白芝麻。

烘烤

❾ 放入烤箱，用上火210℃／下火180℃，烘烤10分鐘。出爐，連烤盤重敲震出空氣，放涼。

PORK FLOSS BREAD

海苔肉鬆卷

麵團
中種法
甜麵團

模型
--

份量
1盤

保存
常溫
當天

Ingredients

〔中種〕

高筋麵粉............525g
全蛋.................112.5g
鮮奶....................150g
高糖乾酵母............6g
水..........................75g

〔主麵團〕

高筋麵粉............225g
細砂糖................150g
鹽..........................7.5g
奶粉...................22.5g
水........................165g
魯邦種（P80）.......75g
高糖乾酵母.........1.5g
無鹽奶油..............75g

〔表面用〕

沙茶青蔥餡（P26）
......................適量
白芝麻...............適量
全蛋液...............適量

〔夾餡用〕

美奶滋................適量
海苔肉鬆............適量

商品的重點

青蔥肉鬆卷算是香蔥麵包的豪邁延伸款。在整片的青蔥麵包體上塗抹美奶滋、鋪滿肉鬆，捲成圓筒狀，分切小段；或者在塗抹美奶滋捲好成型，切段，再兩側塗抹美奶滋、沾上滿滿肉鬆成型，可做多種結合的變化。

Step by Step

○製作麵團

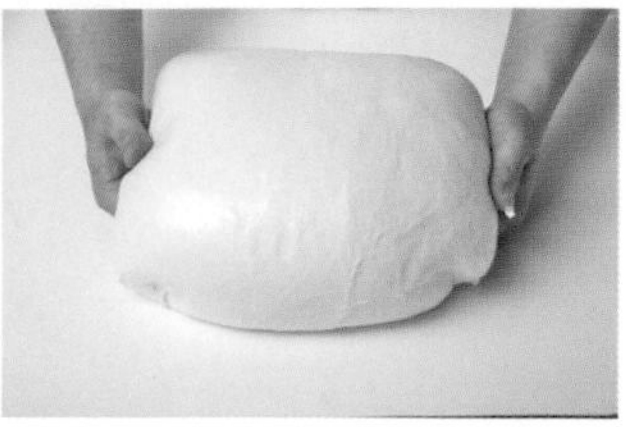

❶ 麵團製作參見P24-25「基本甜麵團」作法1-10完成製作。

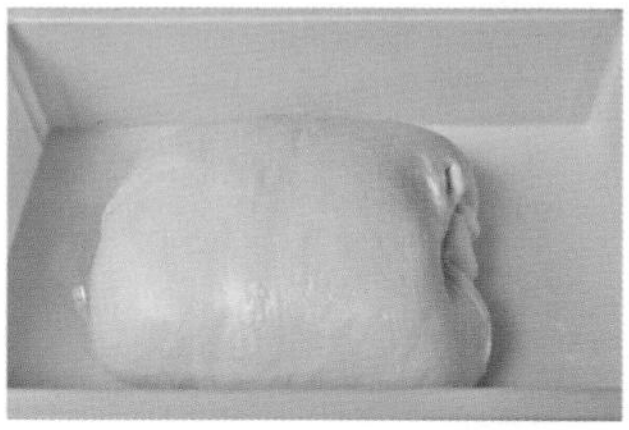

❷ 分割麵團成1600g，輕拍稍平整，由內側往外側捲折，收合於底。稍滾動整理麵團成圓球狀，讓表面變得飽滿，中間發酵25分鐘。

○整型、最後發酵

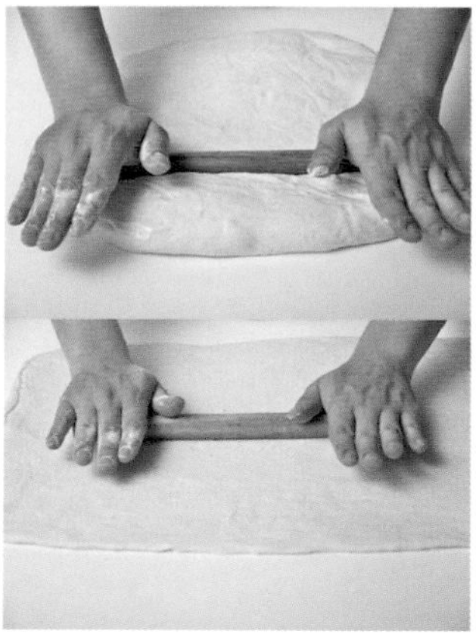

❸ 用手掌輕拍麵團排出氣體，用擀麵棍先就四邊展開整平成長片狀。

❹ 再放入烤盤中延展四邊，擀壓平整成長60cm×寬40cm同烤盤大小，用針車輪（或竹籤）在表面均勻戳上小孔洞，最後發酵60分鐘。

在麵團表面戳出小孔洞，可避免烤焙時麵團過度膨脹。

❺ 稍風乾後，在表面塗刷上全蛋液，均勻撒上沙茶青蔥餡、白芝麻。

○烘烤

❻ 放入烤箱，用上火210℃／下火170℃，烘烤8分鐘。出爐，連烤盤重敲震出空氣，放涼。

整型好的麵團為薄扁狀，烤焙時不宜過久，麵包體會偏乾且表層青蔥餡會有焦色。

○組合

❼ 烤焙紙鋪放檯面，放上冷卻的麵包體（蔥花面朝底），對切成二，並在一側淺劃數刀，均勻抹上美奶滋。

❽ 從劃刀一側連同烤焙紙捲起至底成圓筒狀。

❾ 收合口朝下，待定型。

❿ 分切成11.5cm小段，並在兩側切口塗抹美奶滋、沾裹海苔肉鬆。

塗抹用的美奶滋應適中，太少麵包口感會偏乾，太多則容易有油膩感。

PINEAPPLE BREAD

菠蘿麵包

麵團
中種法
甜麵團

模型
--

份量
約20個

保存
常溫2天
冷凍7天

Ingredients

〔中種〕

高筋麵粉............350g
全蛋......................75g
鮮奶....................100g
高糖乾酵母............4g
水..........................50g

〔主麵團〕

高筋麵粉............150g
細砂糖................100g
鹽............................5g
奶粉......................15g
水........................110g
魯邦種（P80）.......50g
高糖乾酵母............1g
無鹽奶油..............50g

〔菠蘿皮〕

Ⓐ 無鹽奶油.......100g
　無水奶油.......100g
　糖粉.............200g
　全蛋.............100g
Ⓑ 低筋麵粉.......250g

〔表面用〕

蛋黃液................適量

商品的重點

○ 使用奶油、無水奶油製作的菠蘿皮，奶香風味更為濃醇外，有酥脆度，發酵後的表層會呈現自然不規則的龜裂感。

○ 製作菠蘿麵團時會分成兩階段：先完成菠蘿漿待使用時再與粉類混拌（避免菠蘿皮乾燥），不會事先與粉類拌合容易乾燥。菠蘿皮一旦乾燥就會有龜裂情形，包覆麵團時不只不容易結合，烤出來的成品外形也會欠佳，甚至外皮脫落。

Step by Step

○菠蘿皮

❶ **菠蘿漿**。將無鹽奶油、無水奶油、糖粉攪拌至糖溶解，奶油顏色變白成蓬鬆狀。

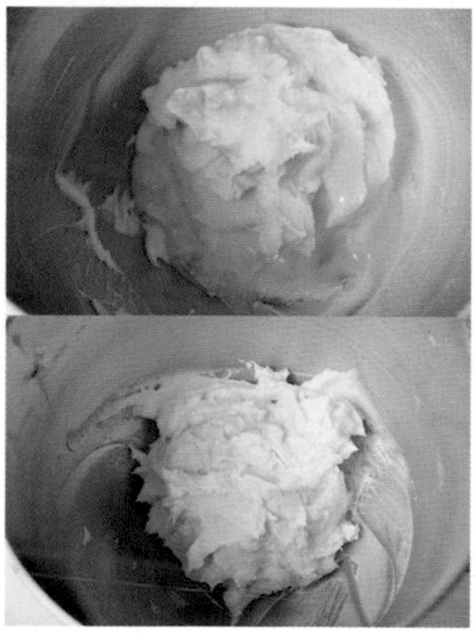

❷ 分次加入全蛋攪拌融合。

攪拌完成的菠蘿漿（不加麵粉狀態），密封冷藏約可保存7天。

❸ **菠蘿皮麵團**。取菠蘿漿麵團分次加入過篩的低筋麵粉攪拌混合均勻（不沾手狀態），稍鬆弛。

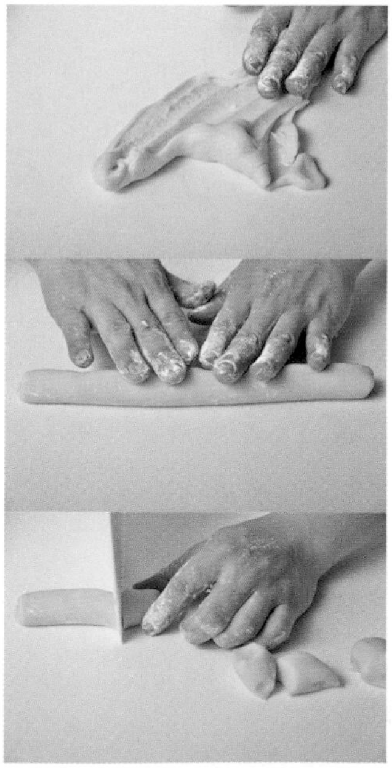

❹ 整合，搓揉成圓柱狀，分割成每個重20g。

- 菠蘿漿（200g）與低筋麵粉（100g）的混合比例約為（2:1）。用低筋麵粉調整出的麵團口感較為酥脆。
- 低筋麵粉是作為調整軟硬度使用，最好分次加入拌合，調整至適合的軟硬度即可。拌合後的菠蘿麵團最好馬上使用，與空氣接觸過久容易乾掉。

○製作麵團

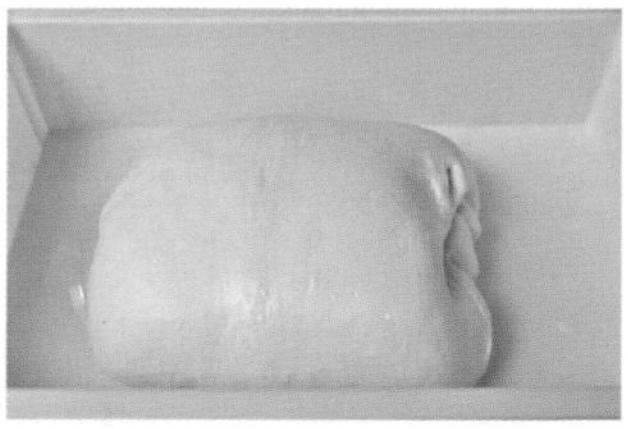

❺ 麵團製作參見P24-25「基本甜麵團」作法1-10完成製作。

❻ 分割麵團成50g，輕拍稍平整，由內側往外側捲折，收合於底。稍滾動整理麵團成圓球狀，讓表面變得飽滿，中間發酵25分鐘。

○整型、最後發酵

造型款 A

❼ 將菠蘿麵團（20g）放在灑有手粉的檯面上，按壓成圓扁形。

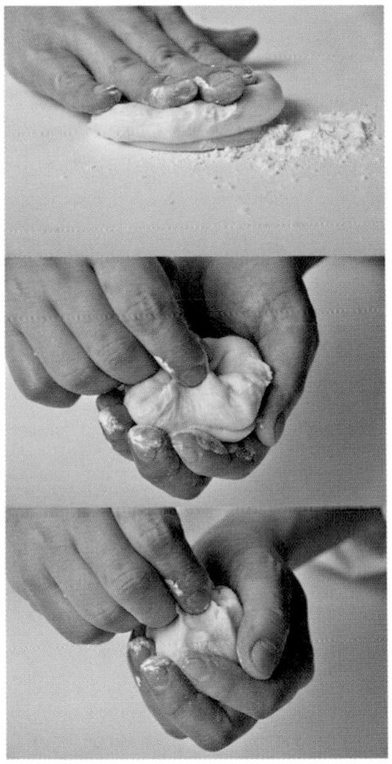

❽ 將麵團稍滾圓（收口朝上），壓在菠蘿麵皮上，將麵團朝中間收合，讓菠蘿麵皮包覆麵團至麵團2/3處（麵團底部1/3預留，不須完全包覆）成圓球狀。

❾ 用手包覆麵團略按壓出自然紋路。

> 麵團在發酵時逐漸膨脹變大，表層的菠蘿皮也會被撐開而產生紋路。

造型款 B

❿ 或用切麵刀在表面交錯切劃出菱格紋路。

> 也可以用菠蘿模型按壓表面形成菱格狀菠蘿紋路。
>
> 

⓫ 用毛刷在表面薄刷蛋黃液，等間距整齊放置烤盤中，最後發酵90分鐘。

> 室溫發酵的溫度不宜太高，一旦溫度過高菠蘿皮會因高溫而融化會糊掉，就不會有漂亮的龜裂紋路。

○烘烤

⓬ 放入烤箱，用上火210℃／下火180℃，烘烤9分鐘。出爐，連烤盤重敲震出空氣，放涼。

> 烤好的菠蘿也可以對切後，塗抹上奶油霜餡，對折成小山形再沾肉鬆，做成肉鬆小山菠。

PINEAPPLE MILK BUTTER BREAD

奶酥炸彈

麵團
中種法
甜麵團

模型
SN9011
6 連炸彈
食品模

份量
約11個

保存
常溫2天
冷凍7天

Ingredients

〔 中種 〕

高筋麵粉 350g
全蛋 75g
鮮奶 100g
高糖乾酵母 4g
水 50g

〔 主麵團 〕

高筋麵粉 150g
細砂糖 100g
鹽 5g
奶粉 15g
水 110g
魯邦種（P80）....... 50g
高糖乾酵母 1g
無鹽奶油 50g

〔 菠蘿皮 〕

特濃奶酥餡（P68）
.... 440g
葡萄乾 55g

〔 表面用 〕

菠蘿皮（P36）..... 550g
蛋黃液 .... 適量

商品的重點

○ 外型貌似手榴彈的經典麵包，魅力在於酥鬆的菠蘿皮外層。由於是帶模型烘烤，模型阻礙麵團發酵的關係，因此成形的口感較偏紮實。

○ 麵團包覆內餡時要分布均勻，若內餡有偏離，品嘗時就無法每一口同時吃到外皮、麵團、內餡三味一體的均一口感。

不藏私！美味解密

菠蘿皮這樣變化

A 紫薯口味

Ingredients

基本菠蘿麵團（P36）.........100g
紫薯粉.................................10g

Step by Step

將調整好軟硬度的菠蘿皮麵團、過篩的紫薯粉混合拌勻即可。

B 巧克力口味

Ingredients

基本菠蘿麵團（P36）.........100g
可可粉.................................10g

Step by Step

將調整好軟硬度的菠蘿皮麵團、過篩的可可粉混合拌勻即可。

C 抹茶口味

Ingredients

基本菠蘿麵團（P36）.........100g
抹茶粉.................................10g

Step by Step

將調整好軟硬度的菠蘿皮麵團、過篩的抹茶粉混合拌勻即可。

D 咖啡口味

Ingredients

基本菠蘿麵團（P36）.........100g
咖啡粉.................................10g

Step by Step

將調整好軟硬度的菠蘿皮麵團、過篩的咖啡粉混合拌勻即可。

PEANUT BREAD

美好花生

麵團

中種法
甜麵團

模型

--

份量

約20個

保存

常溫
當天

Ingredients

〔中種〕

高筋麵粉	350g
全蛋	75g
鮮奶	100g
高糖乾酵母	4g
水	50g

〔主麵團〕

高筋麵粉	150g
細砂糖	100g
鹽	5g
奶粉	15g
水	110g
魯邦種（P80）	50g
高糖乾酵母	1g
無鹽奶油	50g

〔花生餡〕

花生粉	300g
花生醬	75g
糖粉	55g
奶油	100g

〔表面用〕

全蛋液	適量
杏仁片	適量

商品的重點

○ 千變萬化的甜麵團，包覆香氣濃厚的花生餡，風味簡單明確，簡單卻又不失美味商品的重點。除了花生餡，同為古早台味的椰子餡也很適合。

○ 包覆好花生餡壓扁，先冷藏鬆弛再擀壓整型；冷藏後的麵團、內餡會變硬，整型時會比較好操作，烘烤時也較不易爆餡。

Step by Step

製作麵團

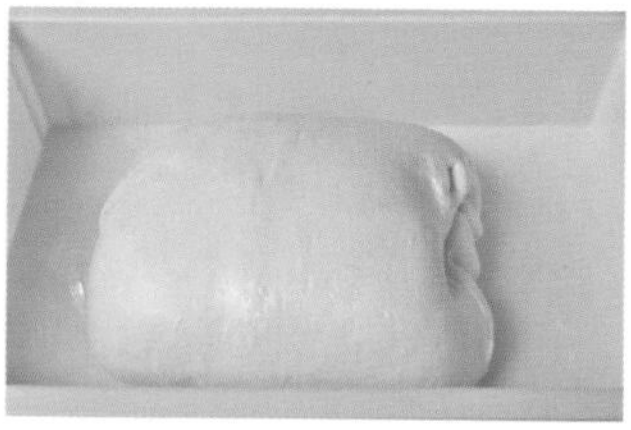

❶ 麵團製作參見P24-25「基本甜麵團」作法1-10完成製作。

❷ 分割麵團成50g，輕拍稍平整，由內側往外側捲折，收合於底。稍滾動整理麵團成圓球狀，讓表面變得飽滿，中間發酵25分鐘。

整型、最後發酵

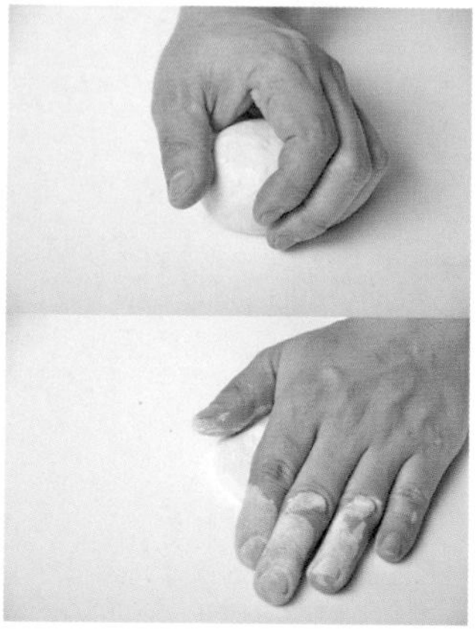

❸ 將麵團稍滾圓，用手掌輕拍麵團排出氣體、平順光滑面朝下。

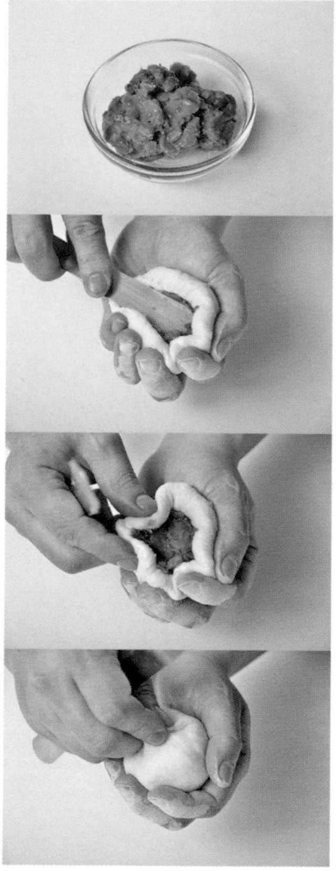

❹ 用抹餡匙在麵團表面按壓抹入紅豆餡（40g），沿著麵皮朝中間捏合包覆餡料，收合，整型成圓球狀。

- 包餡整型時確實的讓餡料處於中心處，底部收口確實的捏緊，能避免烘烤受熱時爆餡情形。
- **紅豆麻糬菓子**。整型後的麵團也可在包入紅豆餡（30g）後，再放入麻糬（10g）依法整型成圓球狀，做不同風味的變化。

❺ 將麵團收口朝下，等間距整齊放置烤盤中，最後發酵60分鐘。用毛刷在表面薄刷全蛋液。

❻ 用擀麵棍沾上黑芝麻在麵皮中間處輕按壓，讓表面沾裹上黑芝麻 。

烘烤

❼ 放入烤箱，用上火210℃／下火170℃，烘烤9分鐘。出爐，連烤盤重敲震出空氣，放涼。

傳統紅豆麵包表面多用黑芝麻點綴。近來以傳統紅豆麵包延伸的新興種類很多，有在紅豆餡中揉入鹽漬櫻花的日式風味，或紅豆餡包覆Q彈麻糬的口味。

CUSTARD BREAD / 卡士達麵包

MEXICAN BREAD
斑紋墨西哥

麵團
中種法
甜麵團

模型
--

份量
約20個

保存
常溫2天
冷凍7天

Ingredients

〔中種〕

高筋麵粉	350g
全蛋	75g
鮮奶	100g
高糖乾酵母	4g
水	50g

〔主麵團〕

高筋麵粉	150g
細砂糖	100g
鹽	5g
奶粉	15g
水	110g
魯邦種（P80）	50g
高糖乾酵母	1g
無鹽奶油	50g

〔奶酥蔓越莓〕

無鹽奶油	205g
全蛋	75g
細砂糖	125g
奶粉	225g
玉米粉	17g
蔓越莓乾	150g

〔墨西哥餡〕

Ⓐ 原味

無鹽奶油	100g
糖粉	100g
全蛋	100g
低筋麵粉	100g

Ⓑ 巧克力

無鹽奶油	100g
糖粉	100g
全蛋	100g
低筋麵粉	94g
可可粉	6g

商品的重點

○ 奶酥麵包的延伸系列。在濃厚的奶酥餡主體中，添加入蔓越莓乾來平衡奶香味；微酸微甜的果乾中和了甜膩，也讓內餡多了分清爽感。

○ 墨西哥醬拌勻就好，不須要打發，攪拌過度反而會使麵包在烘烤後形成坑坑洞洞的表面，影響成品美觀。包餡整型時要確實收緊底部，成型的完成品較有立體感。

CREAM FILLED BREAD CONES

奶油號角麵包

麵團
中種法
甜麵團

模型
SN41616
鋁合金
螺管

份量
約10個

保存
常溫2天
冷凍7天

Ingredients

〔中種〕

高筋麵粉	350g
全蛋	75g
鮮奶	100g
高糖乾酵母	4g
水	50g

〔主麵團〕

高筋麵粉	150g
細砂糖	100g
鹽	5g
奶粉	15g
水	110g
魯邦種（P80）	50g
高糖乾酵母	1g
無鹽奶油	50g

〔奶油霜餡〕

無鹽奶油	200g
細砂糖	20g
奶粉	12g
煉乳	75g

〔表面用〕

全蛋液	適量

商品的重點

○ 螺旋麵包的形狀呈螺旋錐狀。搓細長的麵團太長或太短都會影響到螺旋的圈數，成品厚度也會不同。一般螺旋的捲數約為7-8卷。

○ 麵團稍冰硬後較容易整型，鬆弛後的麵團筋度穩定，輕輕繞圈捲起固定就好，力道太強捲得太緊實，烤焙後反而容易變形。

Step by Step

使用模型

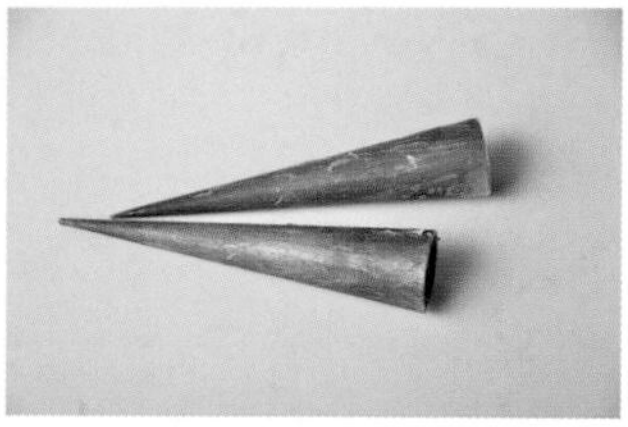

❶ 鋁合金螺管。

奶油霜餡

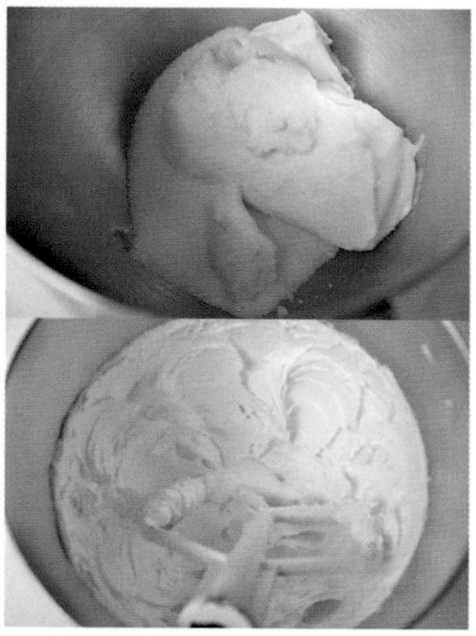

❷ 奶油、細砂糖攪拌打至蓬鬆、顏色呈乳白。

❸ 加入奶粉、煉乳混合攪拌均勻即可。

製作麵團

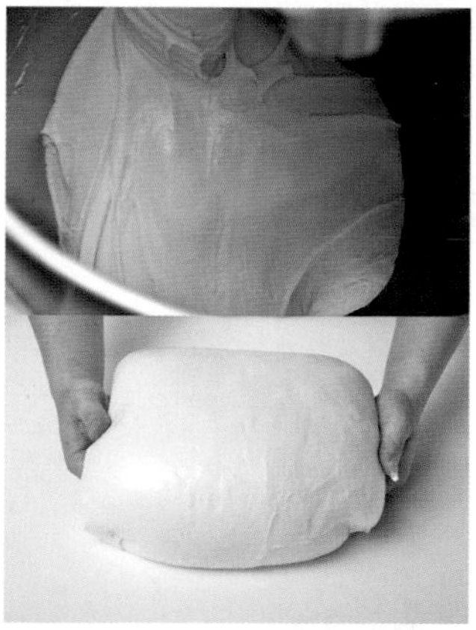

❹ 麵團製作參見P24-25「基本甜麵團」作法1-10完成製作。

整型、最後發酵

❺ 分割麵團成50g，輕拍稍平整，由內側往外側捲折，收合於底。稍滾動整理麵團成圓球狀，讓表面變得飽滿，中間發酵25分鐘，再冷藏30分鐘。

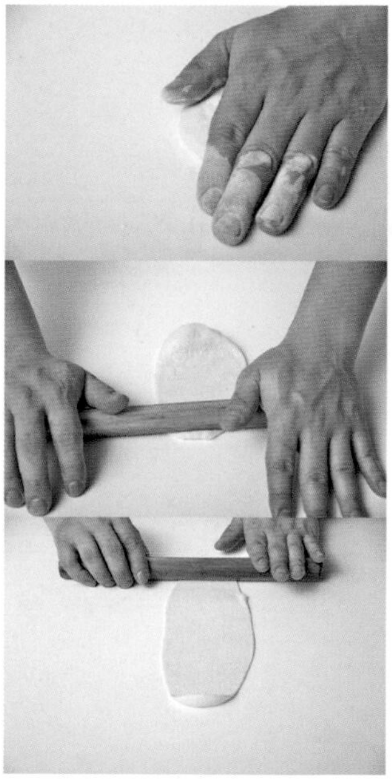

❻ 將麵團用手掌輕拍麵團排出氣體，用擀麵棍擀由中間朝上下擀壓平成橢圓片。

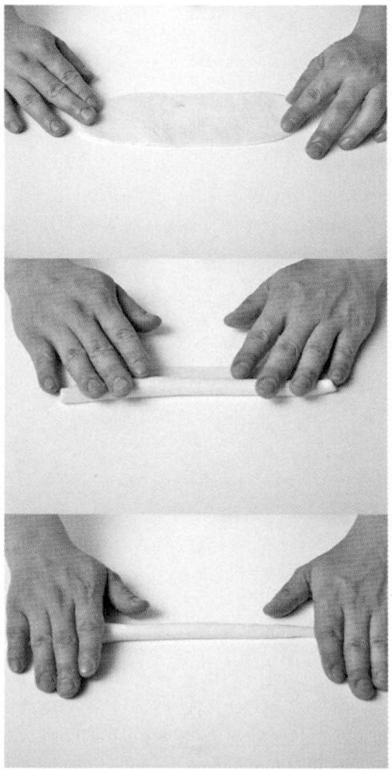

❼ 轉向橫放、光滑面朝下，從長側邊順勢捲起到底，搓揉均勻成細長條（約20cm），冷藏鬆弛20分鐘。

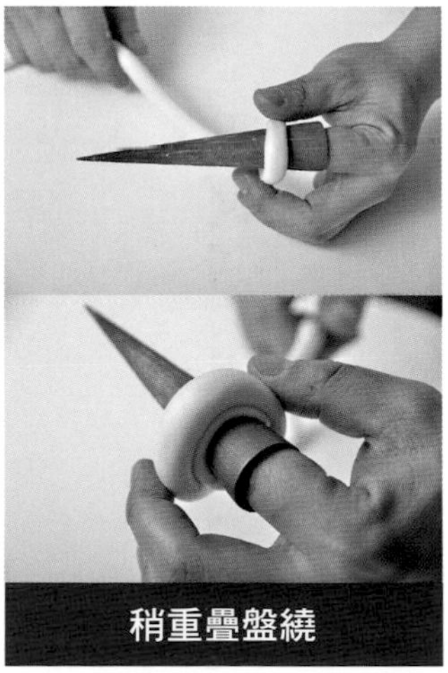

❽ 將麵團一端稍壓扁黏貼在螺管圓底端處固定，再稍重疊的盤繞一圈。

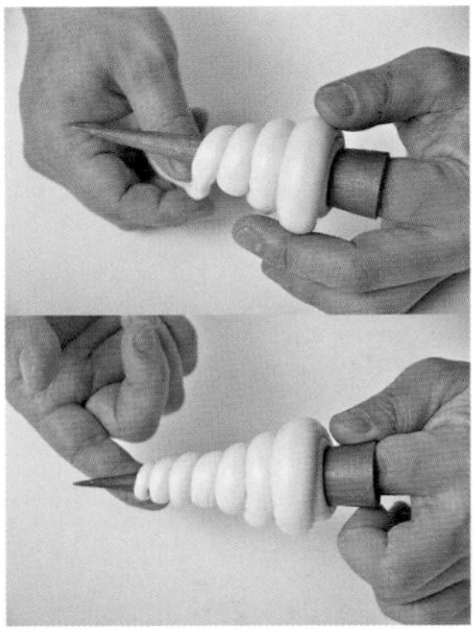

❾ 一圈圈的盤繞到底，末端塞入底。

盤繞麵團時，從圓端下的1.5cm處開始捲起約7－8圈。

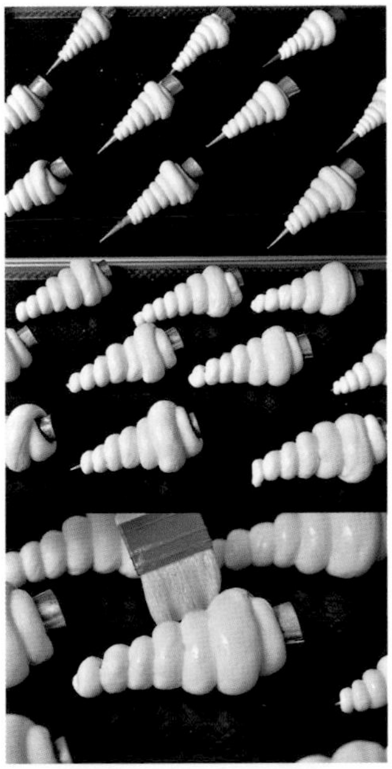

❿ 等間距整齊放置烤盤中，最後發酵60分鐘。在表面塗刷全蛋液。

○烘烤

⓫ 放入烤箱，用上火210℃／下火170℃，烘烤9分鐘。出爐，連烤盤重敲震出空氣，放涼。

烤焙途中轉向烘烤以便烘烤出均勻的色澤。趁熱轉動麵包幫助脫模，再放置冷架上冷卻。

⓬ 待冷卻，在中空處擠入奶油霜餡即可。

MILK BUTTER BUN
特濃奶酥

Ingredients

〔中種〕
高筋麵粉 350g
全蛋 75g
鮮奶 100g
高糖乾酵母 4g
水 50g

〔主麵團〕
高筋麵粉 150g
細砂糖 100g
鹽 5g
奶粉 15g
水 110g
魯邦種（P80）....... 50g
高糖乾酵母 1g
無鹽奶油 50g

〔酥菠蘿〕
無鹽奶油 62.5g
細砂糖 62.5g
法國粉 125g

〔特濃奶酥餡〕
無鹽奶油 205g
全蛋 75g
細砂糖 125g
奶粉 225g
玉米粉 17g

麵團
中種法
甜麵團

模型
--

份量
約20個

保存
常溫2天
冷凍7天

商品的重點

特濃奶酥餡的重點，在於「奶香」的風味要突顯出來，且烘烤後內餡仍保有濕潤感。為了強調奶香風味，這裡特別以奶油添加奶粉來呈現；製作時要確實的將奶油打發至蓬鬆，做成的奶酥香、口感較好，較不會有油膩感。

Step by Step

酥菠蘿

❶ 奶油、細砂糖攪拌至糖溶解，加入過篩法國粉混合拌勻成細粒狀，覆蓋保鮮膜，冷凍備用。

特濃奶酥餡

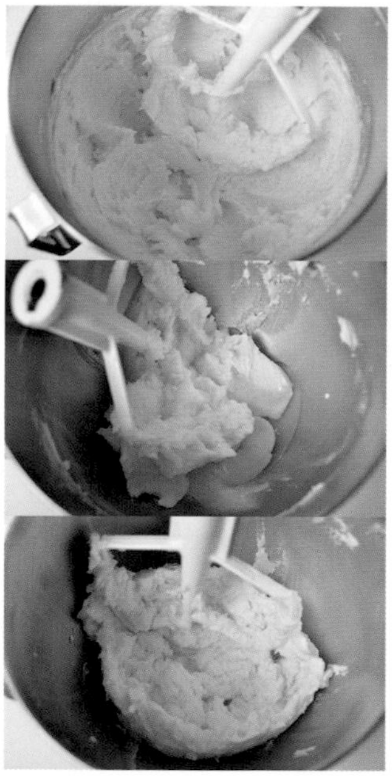

❷ 奶油、細砂糖攪拌至鬆發、糖溶解，分次加入全蛋攪拌融合。

❸ 加入過篩的奶粉、玉米粉攪拌均勻至無粉粒。

製作麵團

❹ 麵團製作參見P24-25「基本甜麵團」作法1-10完成製作。

❺ 分割麵團成50g，輕拍稍平整，由內側往外側捲折，收合於底。稍滾動整理麵團成圓球狀，讓表面變得飽滿，中間發酵25分鐘。

整型、最後發酵

❻ 將麵團稍滾圓，用手掌輕拍麵團排出氣體、平順光滑面朝下。

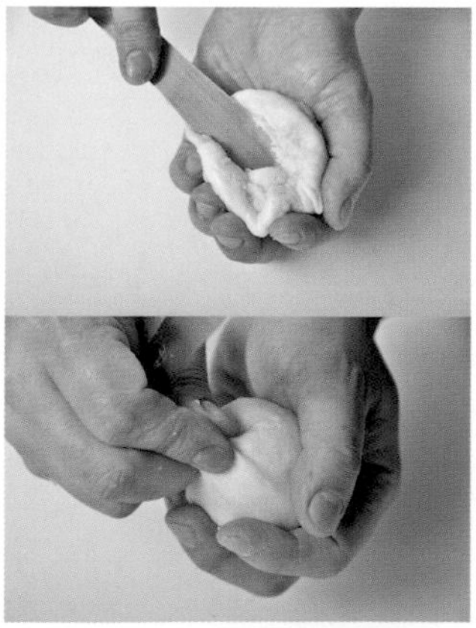

❼ 用抹餡匙在麵團表面按壓抹入奶酥餡（30g），沿著麵皮朝中間捏合包覆餡料，收合，整型成圓球狀。

❽ 用毛刷在表面塗刷全蛋液，再沾裹上酥菠蘿，收口朝下，等間距整齊放置烤盤中，最後發酵60分鐘。

變化款

❾ 或在最後發酵完成後用小刀沿著圓周、相間隔壓出5刀口。

烘烤

❿ 放入烤箱，用上火210℃／下火170℃，烘烤9分鐘。出爐，連烤盤重敲震出空氣，放涼。

TARO BREAD ／ 花見芋香

Step by Step

製作麵團

❶ 麵團製作參見P24-25「基本甜麵團」作法1-10完成製作。

整型、最後發酵

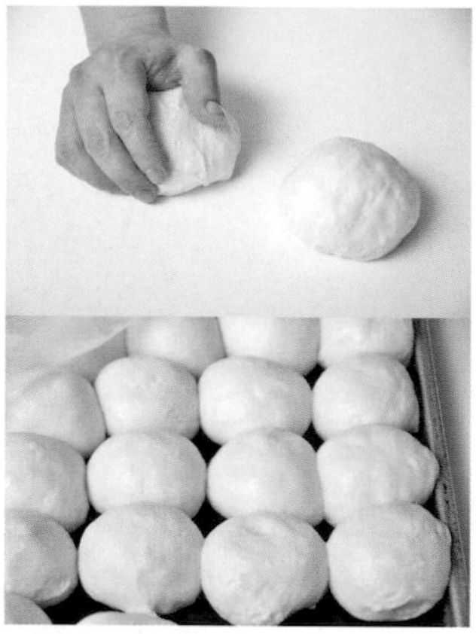

❷ 分割麵團成100g，輕拍稍平整，由內側往外側捲折，收合於底。稍滾動整理麵團成圓球狀，讓表面變得飽滿，中間發酵25分鐘。

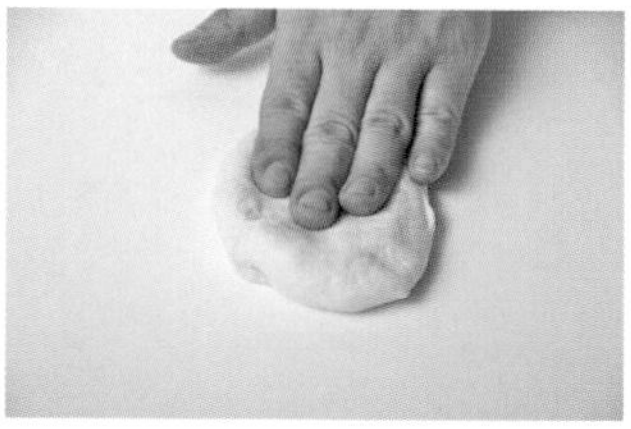

❸ 將麵團用手掌輕拍麵團排出氣體。

❹ 用擀麵棍從中間朝上下擀壓平成長片狀、平順光滑面朝下，並在底部稍延壓開（幫助黏合）。

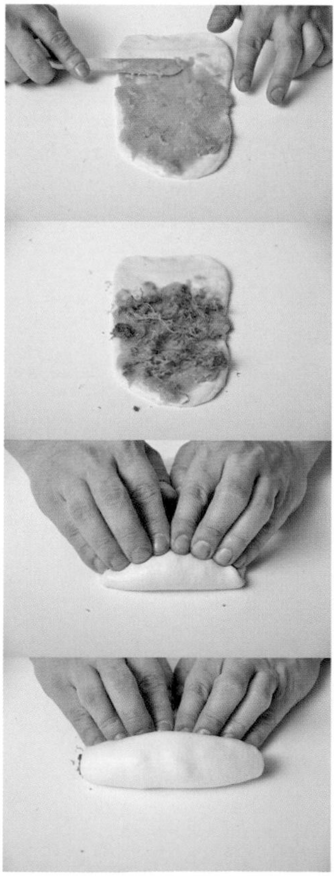

❺ 在表面均勻抹上芋頭餡（40g），鋪放上肉脯（10g），並由外側往內側捲起成橢圓狀。

❻ 將麵團收口朝下，等間距整齊放置烤盤中，最後發酵60分鐘。

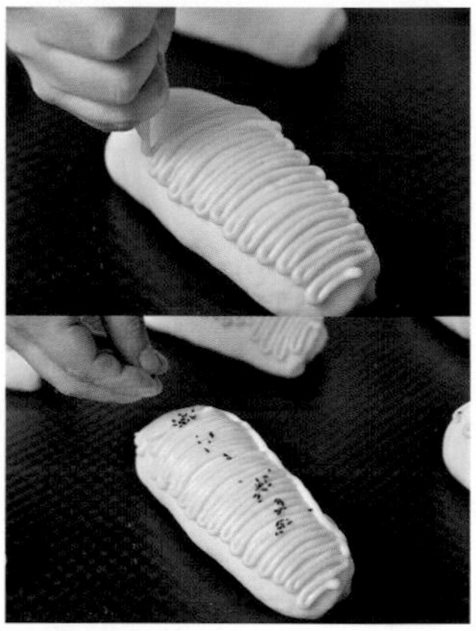

❼ 將墨西哥餡裝入擠花袋，在表面以呈連續S狀的方式擠滿墨西哥餡，撒上黑芝麻。

烘烤

❽ 放入烤箱，用上火190℃／下火170℃，烘烤14分鐘。出爐，連烤盤重敲震出空氣，放涼。

墨西哥餡容易烤焦，烘烤時要特別注意上火的烤溫不宜過多。

BROWN SUGAR
SWEET POTATO BUN ／ 黑糖甜吉

BROWN SUGAR SWEET POTATO BUN

黑糖甜吉

麵團
中種法
甜麵團

模型
--

份量
約20個

保存
常溫2天
冷凍7天

Ingredients

〔中種〕

高筋麵粉............350g
全蛋......................75g
鮮奶....................100g
高糖乾酵母............4g
水..........................50g

〔主麵團〕

高筋麵粉............150g
細砂糖................100g
鹽............................5g
奶粉......................15g
水........................110g
魯邦種（P80）.......50g
高糖乾酵母............1g
無鹽奶油..............50g

〔黑糖地瓜餡〕

蒸熟地瓜............300g
黑糖......................40g
奶粉......................10g
無鹽奶油..............25g

〔表面用〕

全蛋液................適量

商品的重點

○ 在蒸熟的地瓜中調和黑糖、奶油、奶粉來製作出極具風味的黑糖地瓜餡；利用黑糖的獨特香氣來輔助地瓜本身的香甜，並以扁圓外型呈現，讓品嘗時每一口都能吃得到內餡。

○ 麵皮抹餡時盡量平均抹勻，餡料太多時易爆餡不好操作，也會膩口，餡料不足時吃不到地瓜的風味；間隔切劃底部、繞圈整型時接合處要確實收緊，避免烤焙時麵團受熱膨脹而裂開。

Step by Step

○黑糖地瓜餡

❶ 地瓜去皮、切塊，蒸熟。將蒸熟的地瓜趁溫熱加入黑糖、奶粉與奶油搗壓攪拌混合均勻即可。

⬇

○製作麵團

❷ 麵團製作參見P24-25「基本甜麵團」作法1-10完成製作。

❸ 分割麵團成50g，輕拍稍平整，由內側往外側捲折，收合於底。稍滾動整理麵團成圓球狀，讓表面變得飽滿，中間發酵25分鐘。

⬇

○整型、最後發酵

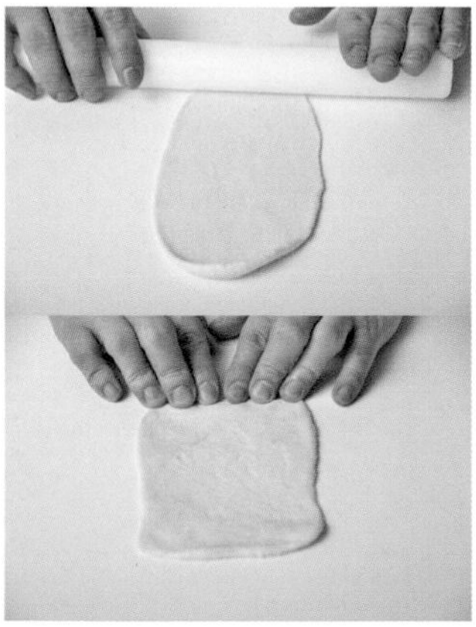

❹ 將麵團稍滾圓，用手掌輕拍麵團排出氣體，用擀麵棍從中間朝上下擀壓平成長片狀、平順光滑面朝下，並在底部稍延壓開（幫助黏合）。

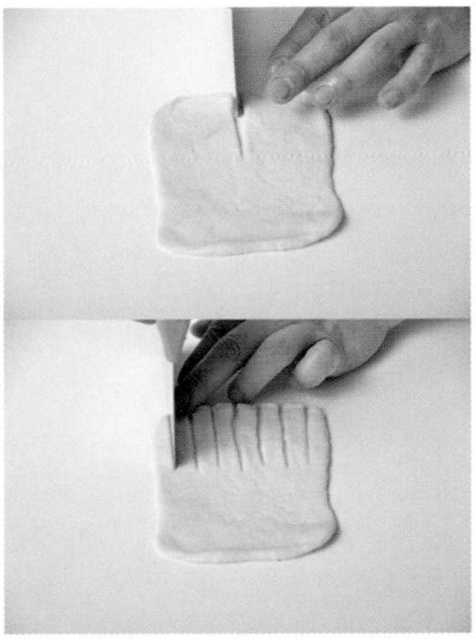

❺ 用切麵切在底部1/3處等間距的直切劃7刀口。

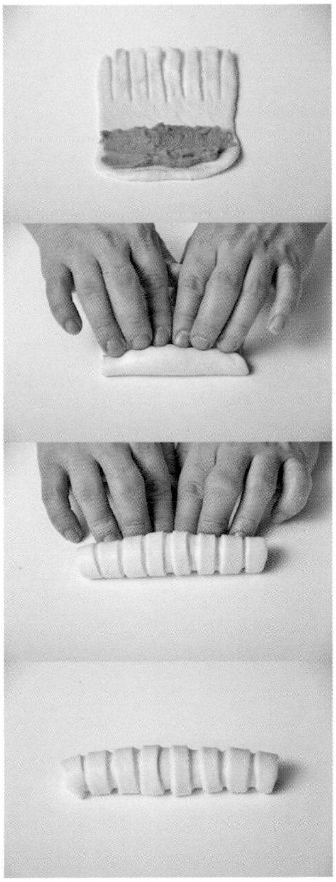

❻ 在刀口的前端部分抹上黑糖地瓜餡（35g），並由外側往內側捲起成長柱狀，稍冰硬。

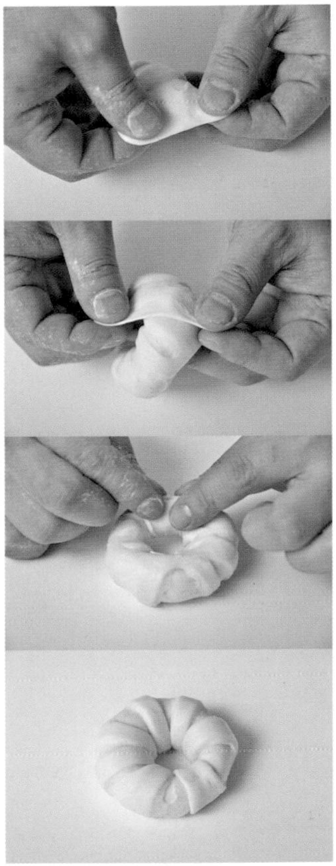

❼ 平均滾動搓長，再將一側接口稍壓開後銜接密合成中間環形狀。等間距整齊放置烤盤中，最後發酵60分鐘。

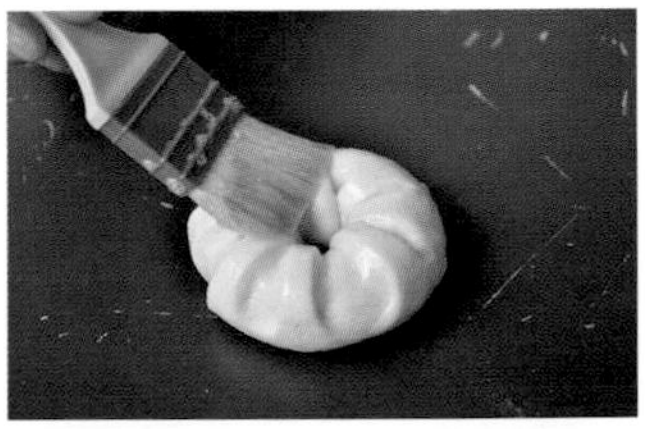

❽ 用毛刷在表面塗刷上全蛋液。

⬇

○烘烤

❾ 放入烤箱，用上火220℃／下火200℃，烘烤10分鐘。出爐，連烤盤重敲震出空氣，放涼。

發酵種基本講座

魯邦種

魯邦種的特色在於深邃迷人的乳酸風味，其風味源自於魯邦種當中的乳酸菌較多，酵母菌較少，使用魯邦種最大目的是增加乳酸發酵風味，魯邦種的酸則可軟化麵筋，能延緩麵包老化，增加保濕效果。

前置作業｜酒精消毒殺菌，參見P188。

Day1

材料

裸麥粉 250g
麥芽精 5g
飲用水 300g

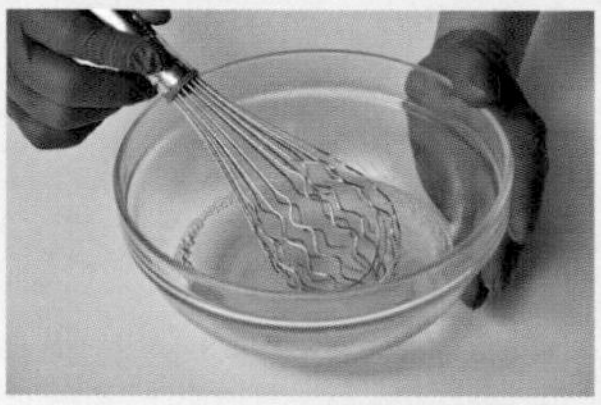

❶ 將水、麥芽精先融解均勻。

❷ 加入裸麥粉攪拌至無粉粒。

❸ 待表面平滑，覆蓋保鮮膜，室溫（溫度28℃，濕度70％）靜置發酵24小時。

Day1 培養成發酵母種

不同的室內環境，會造成發酵時間的不同，製作時需觀察發酵狀態。

Day2

材料

第1天發酵母種 .. 250g
VIRON T55 .... 250g
飲用水 250g

❶ 第1天發酵母種，加入飲用水先攪拌均勻。

❷ 再加入法國粉混合拌勻。

❸ 待表面平滑，覆蓋保鮮膜，在室溫（溫度28℃，濕度70％）靜置發酵24小時。

Day2 培養成發酵母種

不同的室內環境，會造成發酵時間的不同，製作時需觀察發酵狀態。

Day3

材料

第2天發酵母種 .. 250g
VIRON T55 .... 250g
飲用水 250g

❶ 第2天發酵母種，加入其他材料混合攪拌均勻。

❷ 待表面平滑，覆蓋保鮮膜，在室溫（溫度28℃，濕度70%）靜置發酵24小時。

Day3 培養成發酵母種

不同的室內環境，會造成發酵時間的不同，製作時需觀察發酵狀態。

Day4

材料

第3天發酵母種 .. 250g
VIRON T55 .... 250g
飲用水 250g

❶ 第3天發酵母種，加入其他材料混合攪拌均勻。

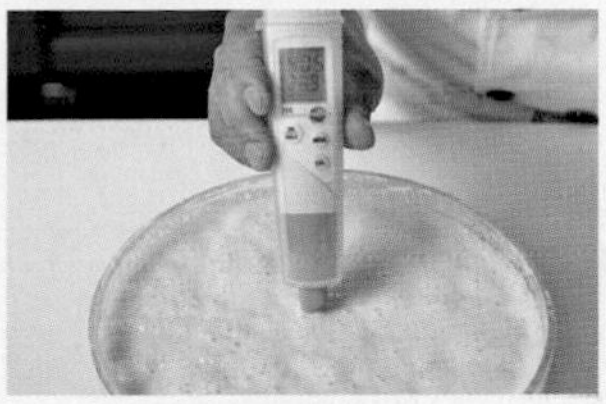

❷ 待表面平滑，覆蓋保鮮膜，在室溫（溫度28℃，濕度70%）靜置發酵12小時（酸鹼值為pH4），再移置冷藏（5℃）靜置發酵24小時，完成**魯邦本種**。隔天即可使用並續種。

Day4 培養成發酵母種

不同的室內環境，會造成發酵時間的不同，製作時需觀察發酵狀態。

Day5

魯邦種續養

材料

第4天魯邦種 100g
VIRON T55 .... 200g
飲用水 250g

❶ 第4天魯邦種，加入其他材料混合攪拌均勻。

❷ 待表面平滑，覆蓋保鮮膜，在室溫（溫度30℃，濕度70%）靜置發酵4小時，再移置冷藏（5℃）靜置發酵12-18小時。此後每2天持續此工序的續種操作。

第5天即可開始使用魯邦本種。
魯邦種的續養，可依循下列配方持續以每2天續養一次。

PART 2

懷舊又新潮的復刻滋味

顛覆傳統台風既有的印象，為經典賦予全新的詮釋，每口都能品嘗到文化交融積累出的微妙變化，獨到而深邃，復刻懷舊麵包的華麗新滋味。

BASIC

巧克力
大理石麵團

在麵團包覆大理石片經折疊延壓，讓大理石片均勻的分布麵團中。由於切面層次的紋理，就像大理石的層層相疊的紋路而得名。基本的大理石麵團透過不同手法的呈現就能變化出各式的口感與花樣，口感柔軟香甜。市面售有各種風味的巧克力大理石片運用變化。

Ingredients

〔中種〕

高筋麵粉............490g
全蛋....................105g
鮮奶....................140g
高糖乾酵母.........5.6g
水..........................70g

〔主麵團〕

高筋麵粉............210g
細砂糖................140g
鹽............................7g
奶粉......................21g
水........................154g
魯邦種（P80）.......70g
高糖乾酵母.........1.4g
無鹽奶油..............70g

〔裹入用〕

巧克力大理石片
（長26cm×寬20cm）

Step by Step

〇中種麵團

❶ 將高筋麵粉、全蛋、鮮奶、水、高糖酵母→低速攪拌2分鐘混合均勻，再轉→中速攪拌2分鐘。

❷ 整合麵團成圓球狀放入容器中，室溫（30℃）發酵60分鐘。

〇主麵團攪拌

❸ 將中種麵團、高筋麵粉、細砂糖、鹽、奶粉、水、魯邦種→低速攪拌2分鐘均勻成團後。

❹ 加入高糖乾酵母→中速攪拌3分鐘混勻。

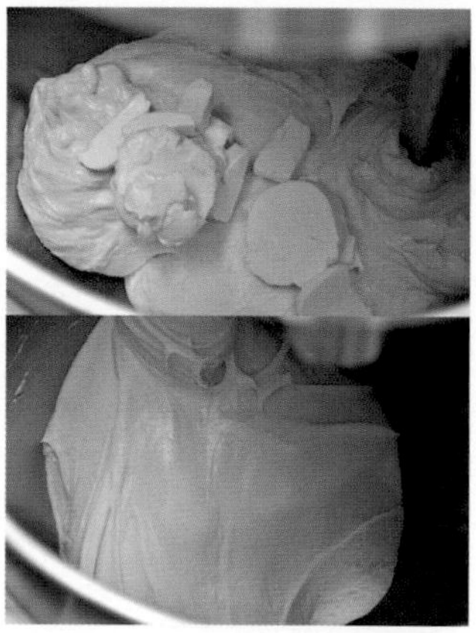

❺ 最後加入奶油轉→低速攪拌2分鐘，再轉→中速攪拌1分鐘（終溫26℃）。

完全擴展

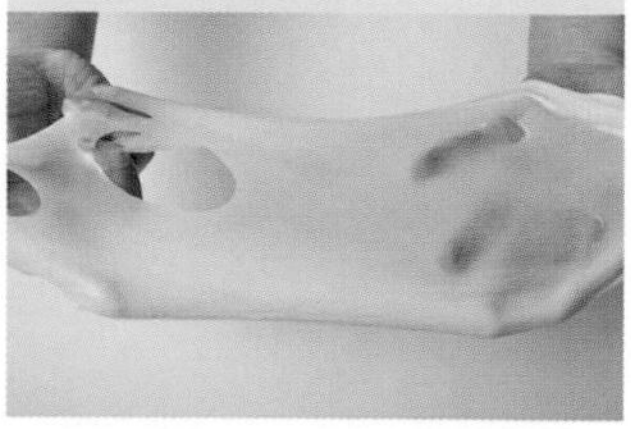

❻ 麵團攪拌完成。麵團可拉出均勻薄膜、筋度彈性。

○基本發酵

❼ 整合麵團拍壓扁，基本發酵25分鐘。再冷凍30分鐘後，移置冷藏90分鐘。

○折疊裹入

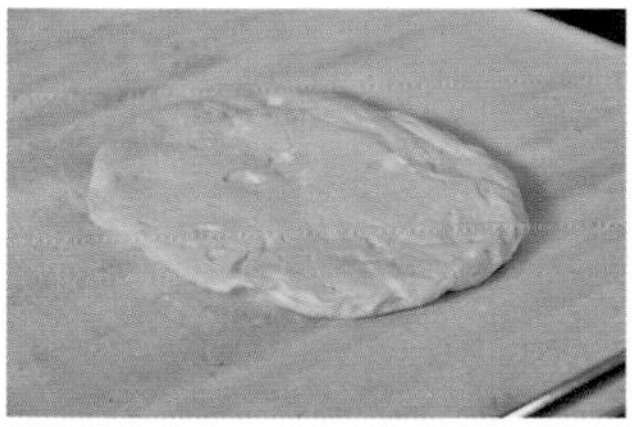

❽ 將麵團稍壓平，用壓麵機延壓平至成長50cm×寬30cm長片狀。

❾ 將巧克力大理石片（長26cm×寬20cm）擺放麵團中間（左右兩側麵團長度相同）。

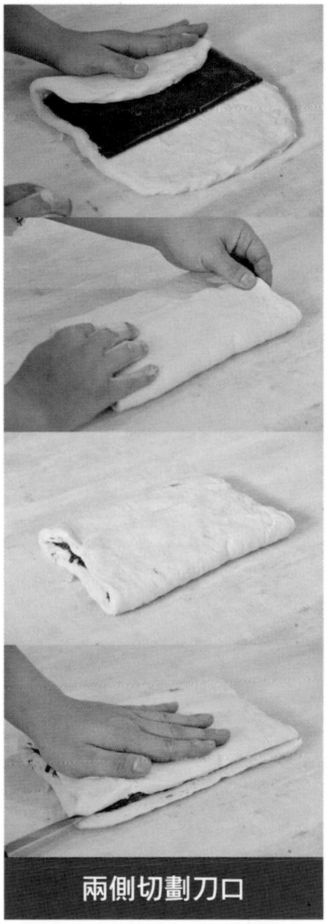

❿ 將左右兩側麵團朝中間折疊，包覆住巧克力大理石片，並將接口處稍捏緊密合（折疊的麵皮兩側盡量不重疊），在兩側邊切劃刀口。

○折疊裹入（4折1次）

⓫ 用壓麵機延壓平至成長80cm×寬30cm長片狀，切除兩側邊。

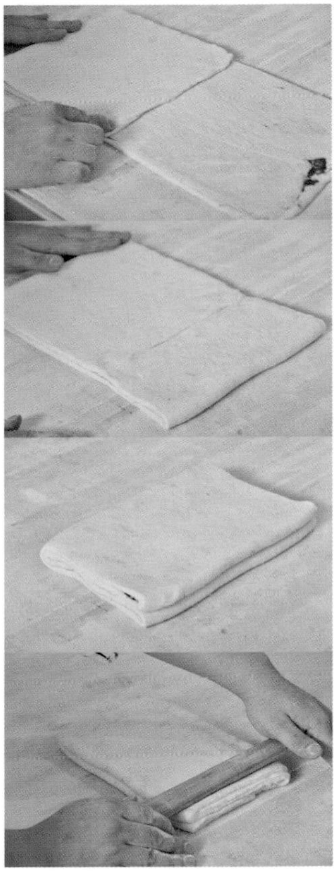

⓬ 將左側3/4向中間折疊，再將右側1/4向中間折疊，再對折，折疊成4折，用擀麵棍按壓四側邊固定，用塑膠袋包覆，冷藏鬆弛45分鐘。

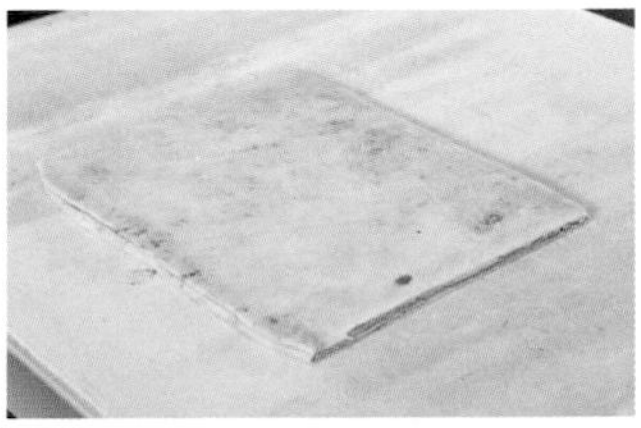

⓭ 即可進行整型前的延壓，將麵團延壓平整、展開，就寬度、長度，冷藏鬆弛45分鐘後使用。

CHOCOLATE MARBLE BREAD

黑爵大理石方磚

麵團
中種法

模型
--

份量
約30個

保存
常溫2天
冷凍7天

Ingredients

〔中種〕

高筋麵粉............104g
鮮奶......................60g
新鮮酵母.............10g

〔主麵團〕

高筋麵粉...........296g
細砂糖.................84g
奶水.....................42g
全蛋.....................60g
奶粉.....................20g
水.........................24g
鹽.......................3.6g
新鮮酵母...............2g
無鹽奶油.............40g

〔裹入用〕

巧克力大理石片
（長22cm×寬14cm）

商品的重點

○ 做出好口感的重點，在麵團的延壓，當麵團延壓得不夠時，成品表皮略硬，組織乾柴；延壓得過頭組織粗糙，老化快，膨脹性差。理想的延壓狀態，不只是麵團有光亮面，麵筋還帶些許彈性。

○ 想做出漂亮的層次，維持巧克力風味，最重要的就是在麵團的延壓，延壓折數以4折1次為宜，折數太多巧克力餡越薄，巧克力的風味會越不明顯。

○ 在麵團表面塗刷蛋液可上色外也能保持濕潤度，可避免乾皮。烤焙的溫度、時間要注意，過高或過久會使麵包的質地因水分的流失而顯得偏乾。

CHOCOLATE MARBLE TOAST
大理石迷你吐司

麵團
巧克力大理石麵團

模型
SN2060

份量
約14個

保存
常溫2天
冷凍7天

Ingredients

〔中種〕

高筋麵粉	245g
全蛋	53g
鮮奶	70g
高糖乾酵母	2.8g
水	35g

〔主麵團〕

高筋麵粉	105g
細砂糖	70g
鹽	3.5g
奶粉	10.5g
水	77g
魯邦種（P80）	35g
高糖乾酵母	0.7g
無鹽奶油	35g

〔裏入用〕

巧克力大理石片
（長22cm×寬14cm）

商品的重點

- ◯ 基本的製作同大理石麵團系列，透過編辮的手法來呈現造型，造型吸睛外，也能帶出不同的口感。
- ◯ 包覆延壓巧克力內餡，麵團需足夠的鬆弛，並冷藏讓麵團硬度增強，再適當延壓才會形成分明漂亮的紋理層次。

Step by Step

使用模型

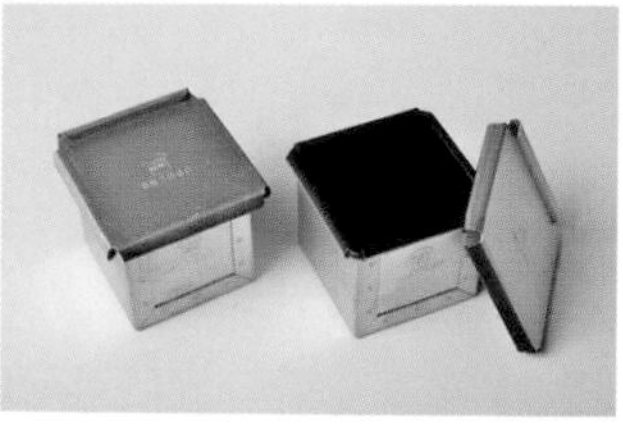

❶ SN2060正方型鍍鋁土司盒。

製作麵團

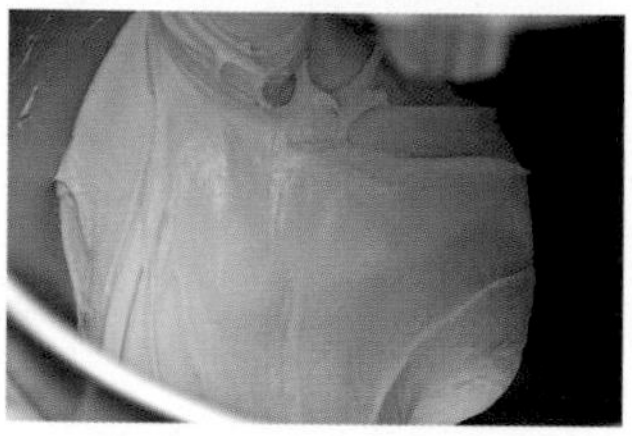

❷ 麵團製作參見P84-85「巧克力大理石麵團」作法1-6完成製作。

❸ 整合麵團拍壓扁，基本發酵25分鐘。再冷凍30分鐘後，移置冷藏90分鐘。

折疊裏入

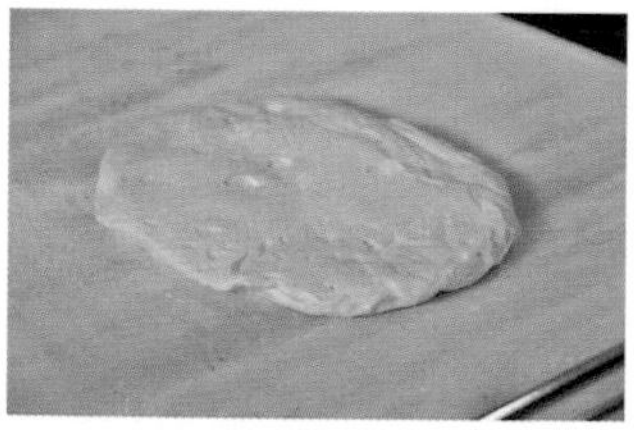

❹ 將麵團稍壓平，用壓麵機延壓平至成長36cm×寬24cm長片狀。

❺ 將巧克力大理石片（長22cm×寬14cm）擺放麵團中間（左右兩側麵團長度相同）。

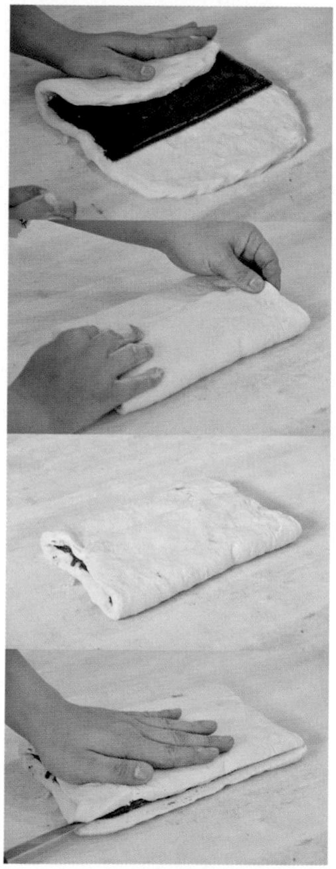

❻ 將左右兩側麵團朝中間折疊，包覆住巧克力大理石片，並將接口處稍捏緊密合，在兩側邊切劃刀口。

折疊裏入（4折1次）

❼ 用壓麵機延壓平至成長36cm×寬20cm長片狀。將左側3/4向中間折疊，再將右側1/4向中間折疊，再對折，折疊成4折，用擀麵棍按壓四側邊固定，用塑膠袋包覆，冷藏鬆弛45分鐘。

○分割、整型、最後發酵

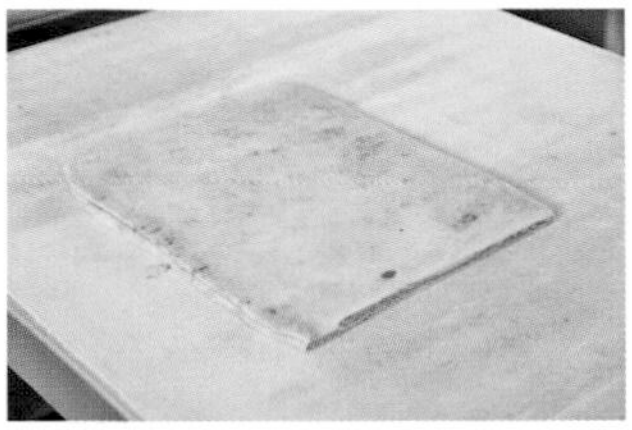

❽ 將麵團延壓平整展開至成長28cm×寬28cm長片狀，冷藏鬆弛45分鐘。

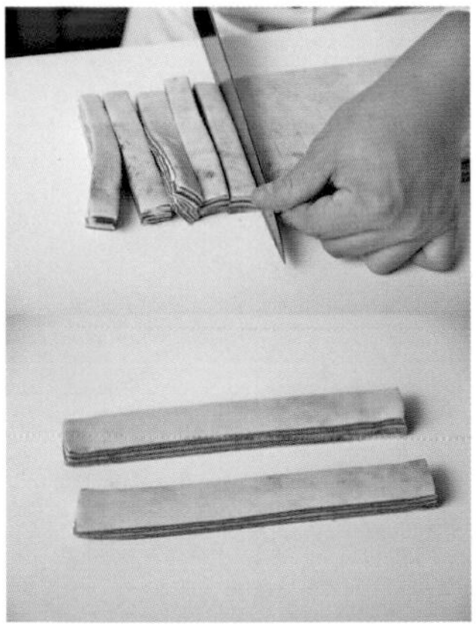

❾ 切除兩側邊，對切後重疊放置，分割成長條（長14cm×寬2cm，每條重70g）。

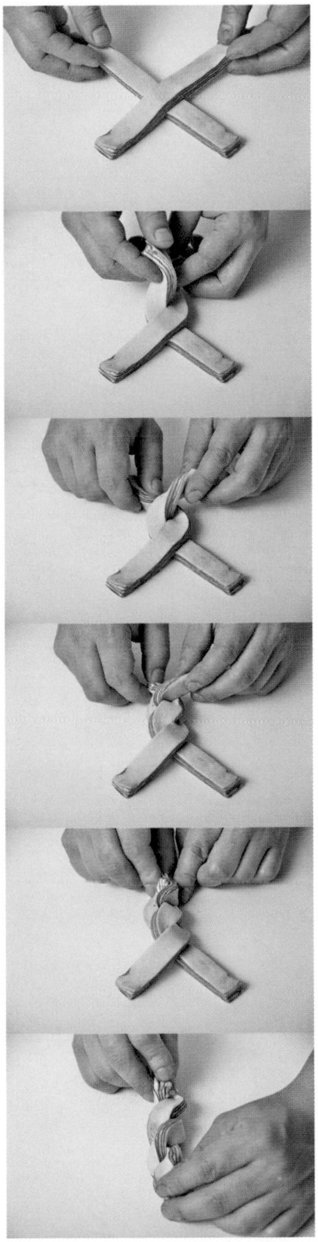

❿ 以2條為組，交叉放置，由中心點開始，就上下兩端，以左右交叉編辮的方式編結到底。

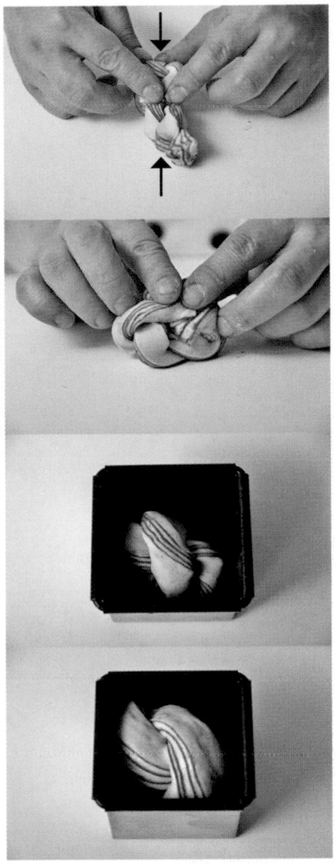

⓫ 將兩側分別朝中間對折捲起，收合，讓線條紋理在中間部分、收口朝底，放入模型中，最後發酵60分鐘。

○烘烤

⓬ 放入烤箱，用上火190℃／下火200℃，烤14分鐘。出爐，連烤模重敲震出空氣，脫模，放涼。

CHOCOLATE MARBLE BREAD

粉雪神木大理石

麵團
巧克力
大理石麵團

模型
SN1292
鍍鋁烤盤

份量
約10個

保存
常溫2天
冷凍7天

Ingredients

〔中種〕

高筋麵粉............490g
全蛋....................105g
鮮奶....................140g
高糖乾酵母.........5.6g
水..........................70g

〔主麵團〕

高筋麵粉...........210g
砂糖...................140g
鹽............................7g
奶粉......................21g
水........................154g
魯邦種（P80）.......70g
高糖乾酵母.........1.4g
無鹽奶油.............70g

〔裹入用〕

巧克力大理石片
（長26cm×寬20cm）

〔夾餡用〕

奶油霜餡（P62）.. 適量

〔表面用〕

全蛋液................適量
糖粉....................適量

商品的重點

○ 自製巧克力大理石片，使用75%苦甜巧克力調製夾層的餡料，與麵團折疊延壓形成層次的紋理。神木般的造型是以捲蛋糕的手法來呈現，是款懷舊的大理石系列麵包。

○ 包覆延壓巧克力內餡，麵團需足夠的鬆弛，並冷藏讓麵團硬度增強，再適當延壓才會形成分明漂亮的紋理層次。

Step by Step

製作麵團

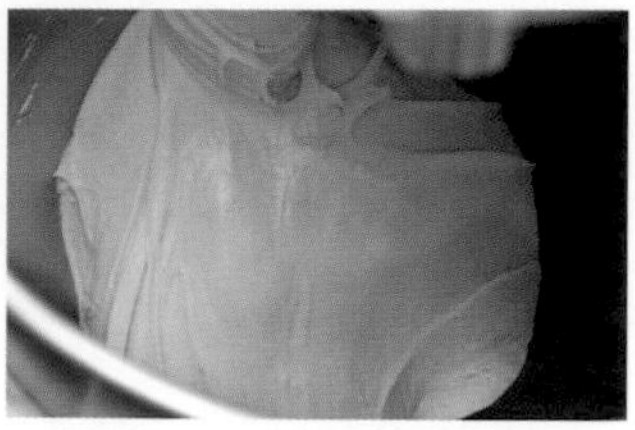

❶ 麵團製作參見P84-85「巧克力大理石麵團」作法1-6完成製作。

❷ 整合麵團拍壓扁，基本發酵25分鐘。再冷凍30分鐘後，移置冷藏90分鐘。

折疊裹入

❸ 麵團的折疊裹入製作參見P84-85「巧克力大理石麵團」作法8-10。
用壓麵機延壓平整展開至成長70cm×寬45cm的長片狀，切除兩側邊後，將麵團做4折1次操作。4折1次製作參見P84-85「巧克力大理石麵團」作法11-12。

❹ 將麵團延壓平整展開至成長36cm×寬24cm的長片狀，冷藏鬆弛45分鐘。

分割、整型、最後發酵

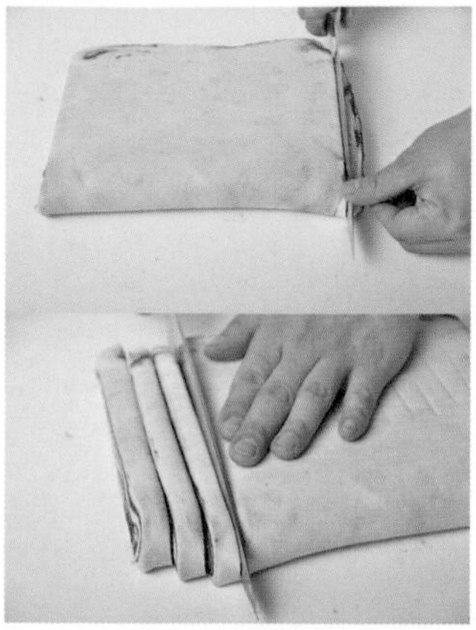

❺ 切除兩側邊平整後，將麵團對折重疊，裁切成16長條狀。

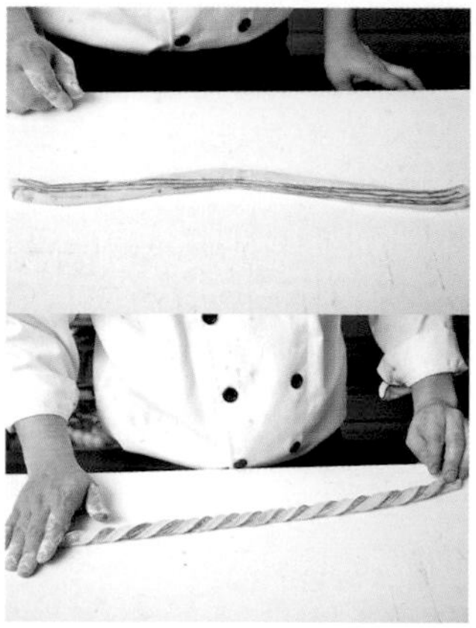

❻ 麵團展開成長條，就每條麵團左右兩端呈上下滾動的方式扭轉成螺旋紋條狀。

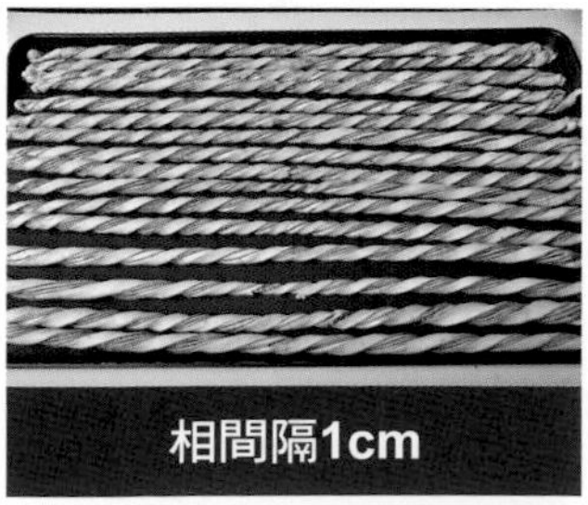

❼ 相間隔約1cm整齊擺放烤盤中。

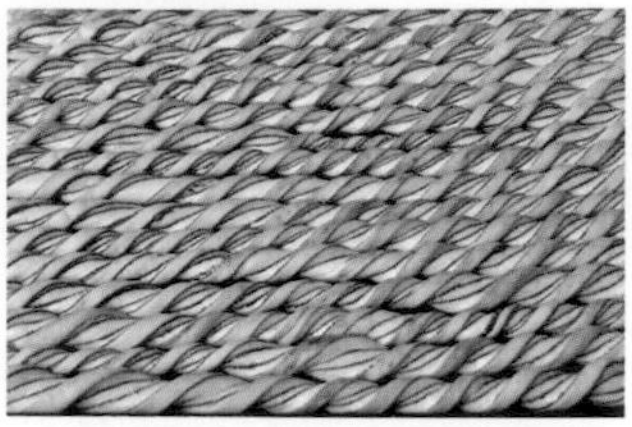

❽ 輕壓扁整型，最後發酵60分鐘。

輕輕拍壓麵團的目的在於固定定型，防止麵團的形狀變形。

❾ 用毛刷在表面塗刷蛋液。

烘烤

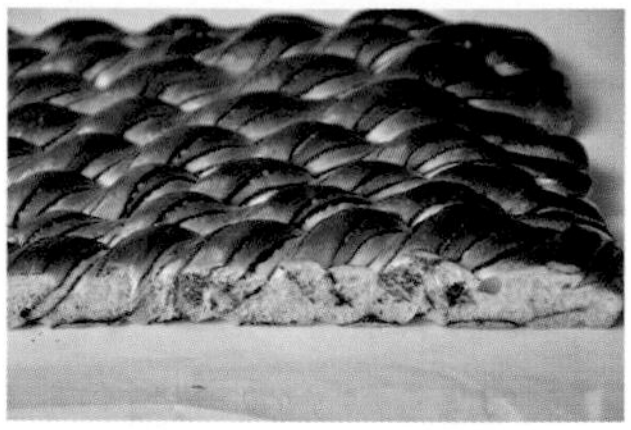

❿ 放入烤箱，用上火210℃／下火170℃，烤12分鐘。出爐，連烤盤重敲震出空氣，放涼。

○裝飾成型

⓫ 將作法⑩倒扣放置在烤焙紙上，讓底部朝上，十字對切成四等份，並在表面塗抹上奶油霜餡。

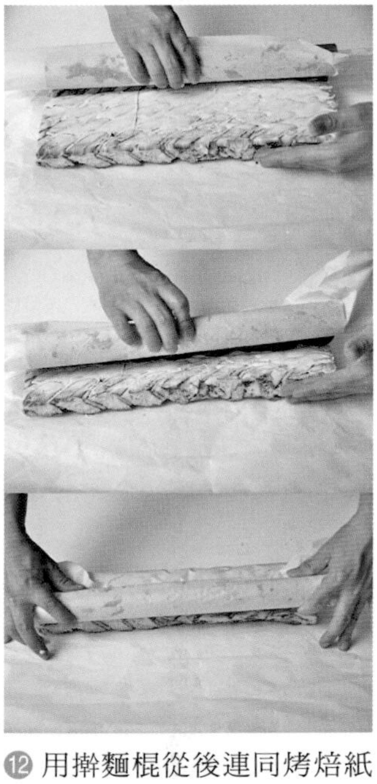

⓬ 用擀麵棍從後連同烤焙紙反捲起到底呈圓柱狀。

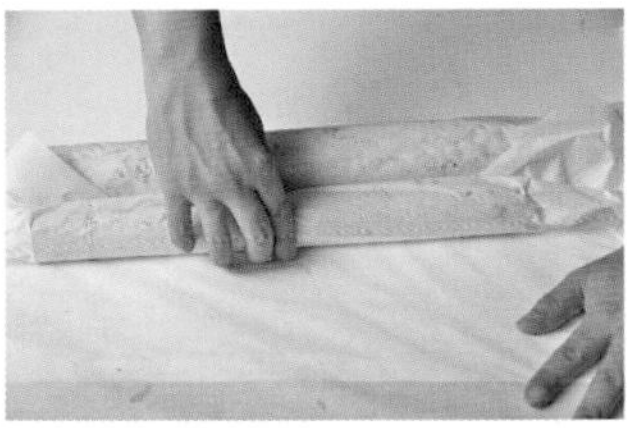

⓭ 稍拉緊定型。

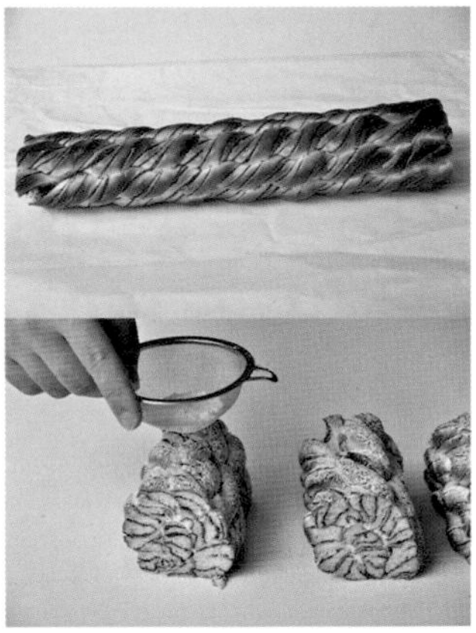

⓮ 分切成每段11.5cm長段，表面篩灑上糖粉即可。

cake

CHOCOLATE MARBLE BREAD

巧克力花旗

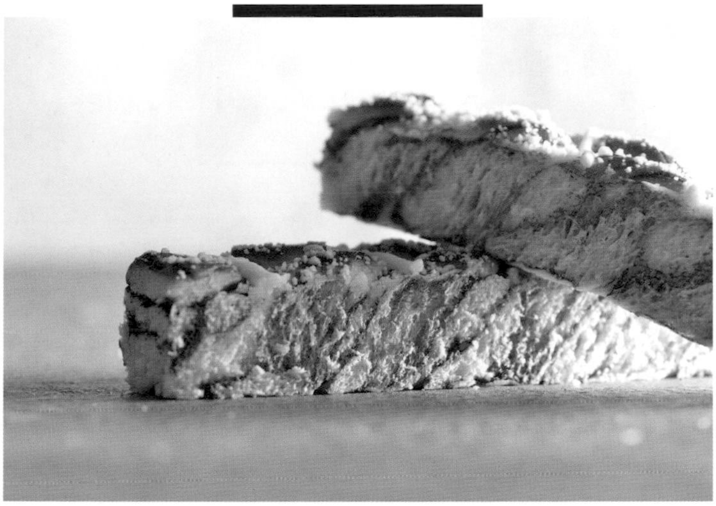

麵團
巧克力
大理石麵團

模型
SN1078

份量
約28個

保存
常溫2天
冷凍7天

Ingredients

〔中種〕
高筋麵粉............490g
全蛋....................105g
鮮奶....................140g
高糖乾酵母.........5.6g
水..........................70g

〔主麵團〕
高筋麵粉............210g
砂糖....................140g
鹽............................7g
奶粉......................21g
水........................154g
魯邦種（P80）.......70g
高糖乾酵母.........1.4g
無鹽奶油.............70g

〔裹入用〕
巧克力大理石片
（長26cm×寬20cm）

〔表面用〕
卡士達餡（P55）.. 適量
酥菠蘿（P68）...... 適量
全蛋液............... 適量

商品的重點

○ 麻花造型的大理石系列，其特色在於將麵團布滿整個烤盤，烘烤受熱時因麵團與麵團間緊緊的密合，烤完後麵包的腰身比較不容易乾柴，造就出麵包較蓬鬆、柔軟的特色口感。

○ 整型前須先將麵團先冰硬再裁切，麵團太軟裁切時容易破壞到分明的層次；再者也必須讓麵團充分鬆弛，這樣在整形時麵筋會較穩定，成製的外型比較漂亮。

MILK BUTTER ROLL
拔絲奶香包

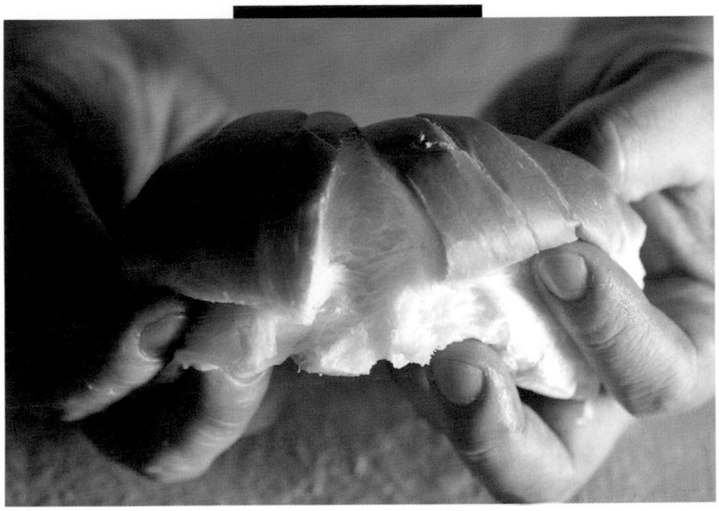

麵團
中種法
甜麵團

模型
SN1018
鍍鋁烤盤

份量
約35個

保存
常溫2天
冷凍7天

Ingredients

〔中種〕

高筋麵粉	700g
細砂糖	50g
奶粉	50g
全蛋	180g
鮮奶	300g
新鮮酵母	30g

〔主麵團〕

高筋麵粉	300g
細砂糖	170g
鹽	15g
水	150g
蛋黃	50g
無鹽奶油	150g

〔塗刷用〕

全蛋液	適量
無鹽奶油	適量
海鹽	適量

商品的重點

○ 拔絲奶香包的魅力在於濃郁的奶香風味和濕潤微甜的口感。由於含有高成分的鮮奶、蛋、奶油能為麵團帶出濃厚奶香味，口感不僅濕潤柔軟，還有一股馥郁的奶香滋味。

○ 麵團要攪拌到恰到好處，若麵團攪拌得不夠，口感會顯得軟黏；攪拌過度則會顯得鬆散。理想的組織是烤焙後拔開帶有一絲一絲狀態。

BRIOCHE ROLL
迷你小布里

Ingredients

〔麵團〕

甜麵團（P24）..... 250g
高筋麵粉 200g
全蛋 45g
細砂糖 50g
奶粉 30g
鹽 3g
大溪地香草莢 .. 1/4根
無鹽奶油 120g

〔表面用〕

蛋黃液 .... 適量
黑芝麻 .... 適量

麵團
直接法

模型
--

份量
約31個

保存
常溫5天
冷凍7天

商品的重點

○ 搭配高比例的甜麵團製作，加上糖、蛋、奶油柔性食材的添加，因此就算直接整型、烘烤後還是有柔軟口感，是款非常適合初學者的點心麵包。
○ 奶油量的比例偏高，麵團容易因攪拌的摩擦生熱而升溫，必須特別注意；因為麵溫太高油脂容易溶出，無法融入麵團中，這樣烘烤後表皮會形成一層硬殼，沒有鬆軟口感。

CRISPY BUN
脆皮烤饅頭

麵團
中種法

模型
--

份量
約25個

保存
常溫2天
冷凍7天

Ingredients

〔中種〕

高筋麵粉 130g
鮮奶 75g
新鮮酵母 12.5g

〔主麵團〕

高筋麵粉 370g
細砂糖 105g
奶水 52.5g
水 30g
全蛋 75g
奶粉 25g
鹽 4.5g
新鮮酵母 2.5g
無鹽奶油 50g

〔花生餡〕

花生粉 300g
花生醬 75g
糖粉 55g
奶油 100g

商品的重點

○ 麵團質地偏硬，因此利用中種法透過長時間的熟成，讓麵團更為柔軟，再經過反覆延壓，整型時抹少許奶油，烘烤後外層酥脆，組織柔軟綿密，上脆、內軟、下酥的獨特口感滋味。

○ 烘烤時擠上少許油脂在麵團底部，烘烤受熱後可形成酥脆口感；而因麵團本身水分少，烘烤過久容易變得乾硬要特別注意。在烘烤完成的表面再塗刷少許奶油可增添濕潤口感與香氣。

Step by Step

○花生餡

❶ 將所有材料混合拌合備用。

○製作麵團

❷ 麵團製作參見P126-129「超綿卷心吐司」作法1-3完成製作。

此類的麵團在延壓折疊後即進行冷藏鬆弛，不須經過中間發酵。

○延壓、冷藏鬆弛

❸ 將麵團輕拍壓出氣體，用壓麵機延壓平至成長60cm×寬30cm長片。

❹ 麵團延壓3折4次的折疊操作參見P126-129「超綿卷心吐司」作法5-8完成製作。延壓，直至麵團成光滑片狀，最後用塑膠袋包覆，冷藏鬆弛20分鐘。

○分割、整型、最後發酵

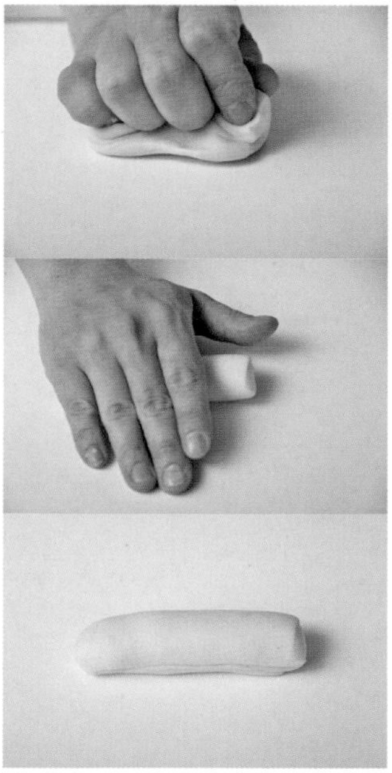

❺ 分割麵團成65g，將麵團往底部對折整合後稍滾圓後搓揉成長條狀，稍冷藏。

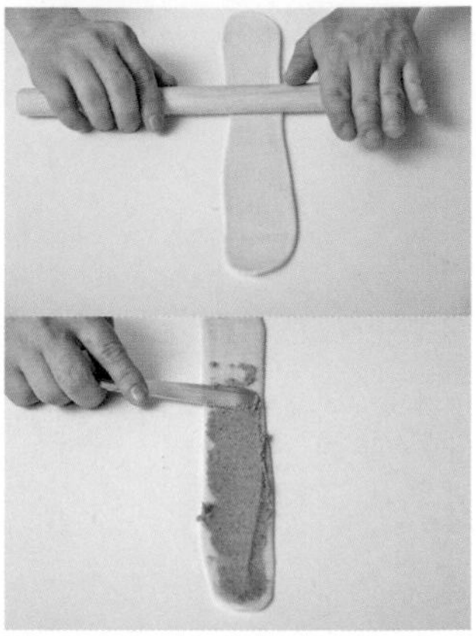

❻ 將麵團用擀麵棍擀壓成細長條狀（長約20cm）、光滑面朝下，在表面塗抹上花生餡15g（或奶油）。

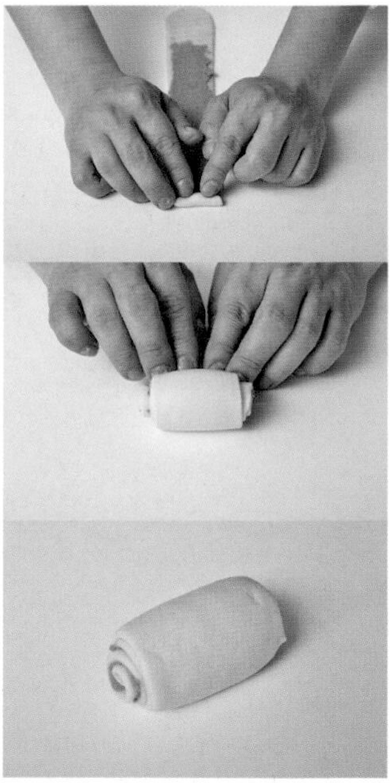

❼ 從前端將兩側稍往內捲折再順勢捲起至底成圓筒狀。

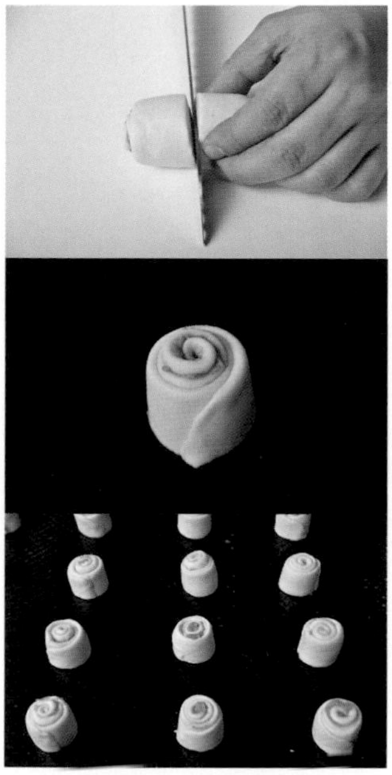

❽ 對切成二，切面朝下（螺旋紋面朝上），等間距整齊放置烤盤中，最後發酵60分鐘。

❾ 在烤盤縫隙中擠入少許無水奶油。

奶油層是烤饅頭的酥香重點。必須在烤盤中加入無水奶油烘烤，讓底部麵團能充分吸附油脂並形成底部酥香的口感。

⬇

○烘烤

❿ 放入烤箱，用上火200℃／下火150℃，烤約8分鐘。出爐，連烤盤重敲震出空氣，塗刷少許奶油，放涼。

不藏私！美味解密

基本手擀麵團示範

材料：硬質系列麵團……400g

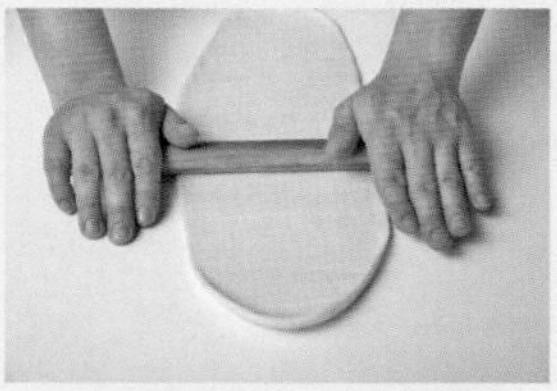

❶ 將麵團（400g）輕拍壓出氣體，用擀麵棍從中間朝上下延壓平至成厚度一致的長片。

❷ 將右側1/3向中間折疊，再將左側1/3向中間折疊，折疊成3折（3折1次）。

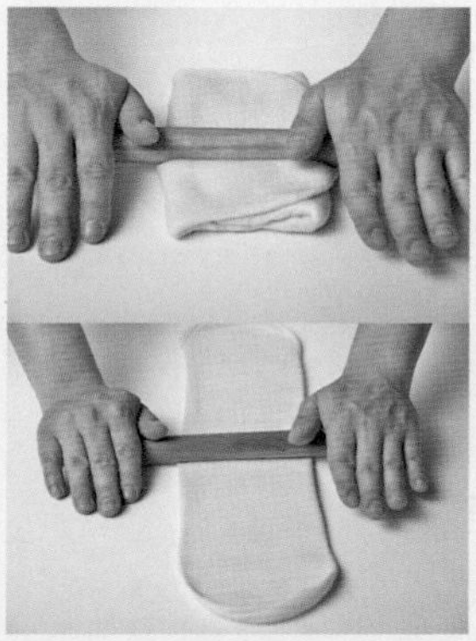

❸ 將麵團從中間朝上下擀壓平整薄成長片狀。

❹ 將右側1/3向中間折疊，再將左側1/3向中間折疊，折疊成3折（3折2次）。

❺ 將麵團依法擀壓平整薄成長片狀。將右側1/3向中間折疊，再將左側1/3向中間折疊，折疊成3折（3折3次）。

❻ 將麵團依法擀壓平整薄成長片狀。將右側1/3向中間折疊，再將左側1/3向中間折疊，折疊成3折（3折4次），直至麵團成光滑片狀，用塑膠袋包覆，冷藏鬆弛20分鐘。

GOLDEN CROISSANTS
黃金牛角

麵團
中種法

模型
--

份量
約35個

保存
常溫2天
冷凍7天

Ingredients

〔中種〕

法國粉................700g
細砂糖..................50g
全蛋..................100g
高糖乾酵母............4g
水......................240g

〔主麵團〕

法國粉...............300g
鹽............................6g
奶粉......................40g
細砂糖...............145g
起司粉.................12g
水.........................40g
甜麵團（P24）.....180g
無水奶油...........300g

〔表面用〕

蛋黃液................適量
白芝麻................適量

商品的重點

- ○ 牛角麵包源自於菲律賓麵包與法式麵包改良而來，透過麵皮擀製，層層折疊，帶有層次口感，質地紮實綿密，外酥內軟，角脆、層次感豐富，具濃厚奶香。
- ○ 為了達到紮實Q軟的口感，最後的發酵不需要太久；若想達到鬆軟口感可稍延長後發時間。
- ○ 烘烤時放入奶油與麵團一起烤焙，是造就出牛角麵包底部酥脆的美味重點，不過要注意讓油脂遍布整個麵團底部，且底火的溫度也不能太低，太低底部就無法形成焦酥的口感，反而會有厚重的油膩感。

Step by Step

中種麵團

❶ 將所有材料→低速攪拌2分鐘混合均勻後，再轉→中速攪拌2分鐘。整合麵團成圓球狀放入容器中，室溫（30℃）發酵60分鐘。

主麵團攪拌

❷ 將中種麵團與其他所有主麵團材料（奶油除外）→低速攪拌2分鐘均勻成團後→中速攪拌3分鐘混勻，最後加入奶油轉→低速攪拌2分鐘，再轉→中速攪拌1分鐘（終溫26℃）。

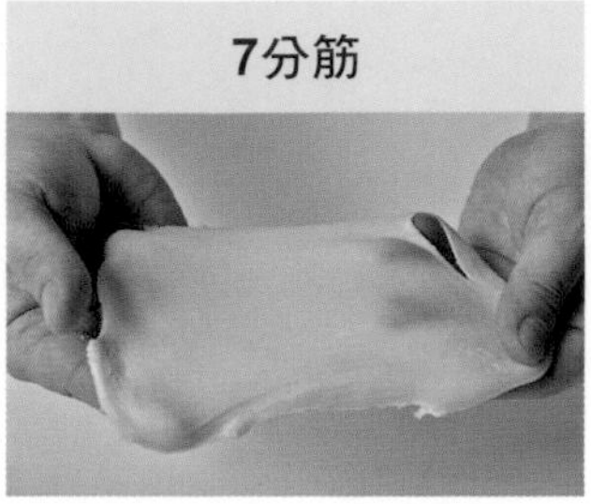

❸ 麵團攪拌完成的狀態。麵團可拉出均勻薄膜、筋度彈性。

> 此類的麵團在延壓折疊後即進行冷藏鬆弛，不須經過中間發酵。

延壓

❹ 將麵團輕拍壓出氣體，用壓麵機延壓平至成長60cm×寬30cm長片。

❺ 將左側1/3向中間折疊，再將右側1/3向中間折疊，折疊成3折（**3折1次**）。

❻ 將麵團延壓平整薄成長片狀。將左側1/3向中間折疊，再將右側1/3向中間折疊，折疊成3折（**3折2次**）。

❼ 將麵團延壓平整薄成長片狀。

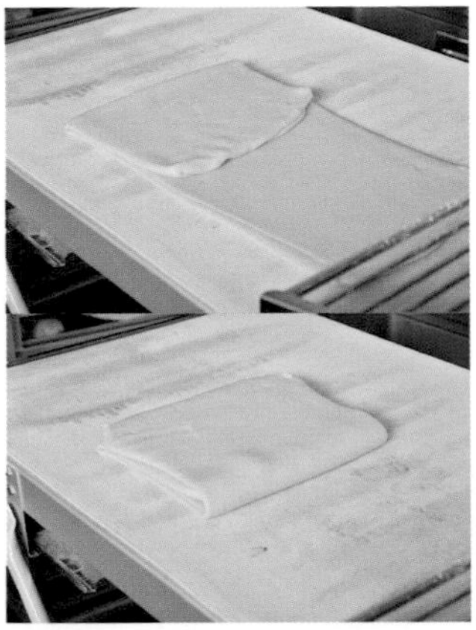

❽ 將左側1/3向中間折疊，再將右側1/3向中間折疊，折疊成3折（**3折3次**）。

○分割、整型、最後發酵

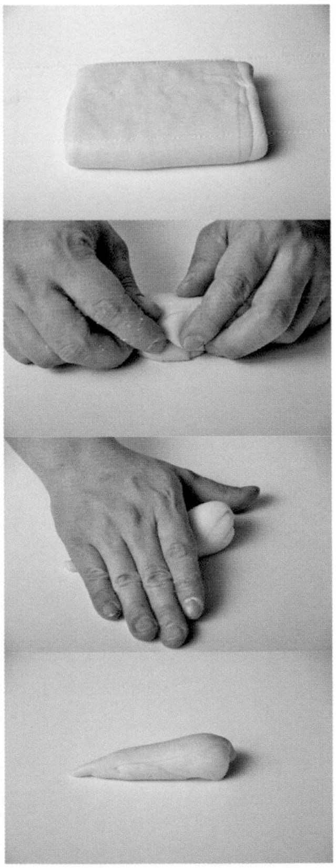

❾ 分割麵團成60g。將麵團朝底對折收整成團再稍滾圓後搓揉成水滴狀。

❿ 將麵團由中間朝上下擀壓平成三角狀。

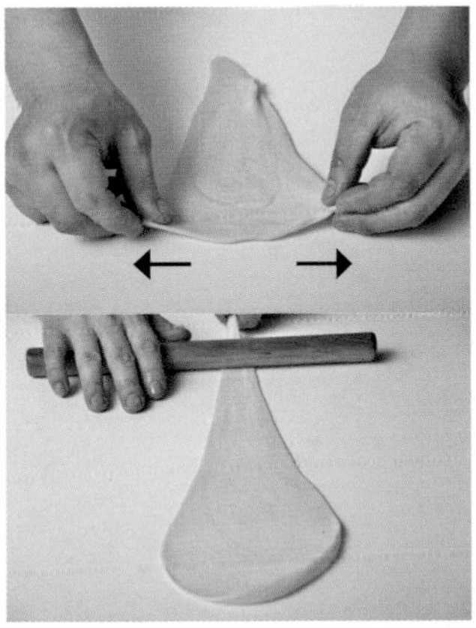

⓫ 將圓端兩側再稍延壓展開加大圓弧寬面，再用擀麵棍擀壓一邊拉住底部一邊延展擀壓成三角狀（長約24cm）。

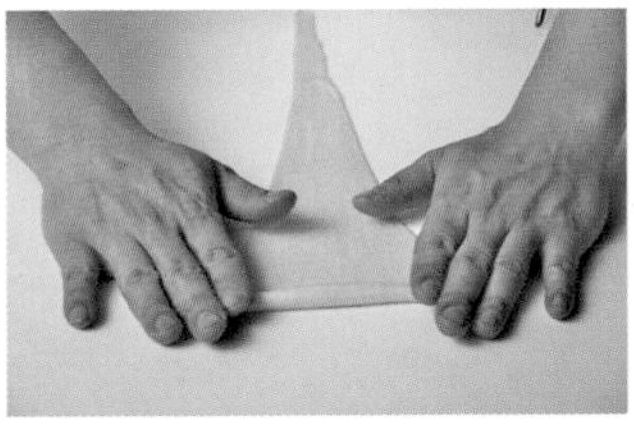

⓬ 從較寬的圓端將兩側朝前將兩側推捲。

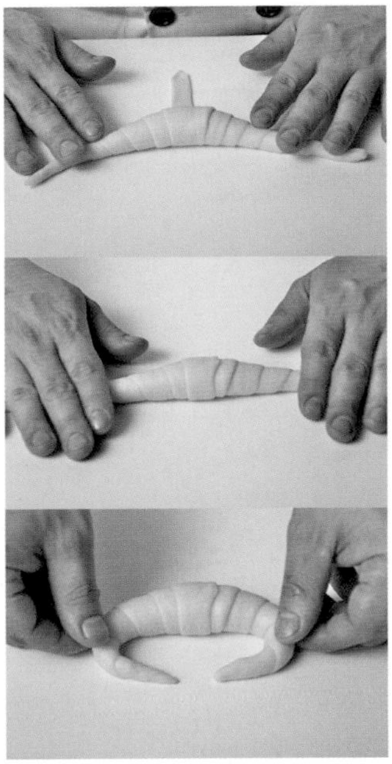

⓭ 用平均力道捲起到底，收口於底，並將尖角兩端朝中間處內折，整型成牛角狀。

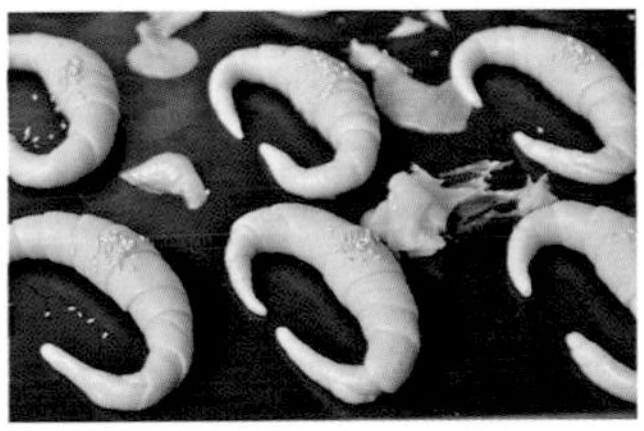

⓮ 整齊間距擺放烤盤中，用毛刷在表面塗刷蛋黃液，撒上白芝麻，並在烤盤中放入無水奶油（約90g），最後發酵15分鐘（在烤盤裡加入無水奶油，讓麵團吸附油脂，烘烤後麵包底部的口感更加濃郁酥脆）。

○烘烤

⓯ 放入烤箱，用上火190℃／下火170℃，烤20分鐘。出爐，連烤盤重敲震出空氣，放涼。

WOOD BREAD
蘭姆葡萄杉木

麵團
直接法

模型
SN1018
鍍鋁烤盤
（不沾）

份量
約1條

保存
常溫5天
冷凍7天

Ingredients

〔麵團〕

甜麵團（P24）	400g	奶水	105g
高筋麵粉	550g	水	65g
低筋麵粉	400g	奶粉	25g
細砂糖	175g	新鮮酵母	15g
鹽	5g	鮮奶油	100g
全蛋	125g	無鹽奶油	80g

〔內層用〕

酒漬葡萄乾........280g

〔表面用〕

奶水（市售）.........適量

葡萄乾與蘭姆酒的搭配比例為100g：10g。

商品的重點

○ 屬於綿密、紮實口感為特色的硬質麵團系列。延壓麵團時要反覆延壓直到麵團呈現光滑面，這個步驟若做的不確實太過與不及都會大大的影響麵包口感。

○ 烤焙時麵團會膨脹，過程中需要透過反覆的輕搓表面緊實麵團，讓完成的麵包質地能有如木材般紮實綿密的組織；再者經由反覆輕搓也能壓擠出多餘的空氣，可避免氣泡在表皮起皺影響外觀。

○ 酒漬葡萄乾風味更佳；夾層的用料，也可用核桃、蜜紅豆、蜜之果或地瓜蜜餞丁來變化口味。

RUSSIAN BREAD
奶香羅宋

Ingredients

〔麵團〕

甜麵團（P24）.....400g
高筋麵粉............550g
低筋麵粉............400g
細砂糖................175g
鹽............................5g
全蛋....................125g
奶水....................105g
水..........................65g
奶粉......................25g
新鮮酵母.............15g
鮮奶油................100g
無鹽奶油.............80g

〔表面用〕

無鹽奶油............225g
海鹽....................適量

麵團
直接法

模型
--

份量
約9個

保存
常溫2天
冷凍7天

商品的重點

○ 硬質麵團系列特色是麵團含水分較少，體積膨脹也較小，帶有綿密、紮實的口感。這類的麵團在攪拌完成後需要經過反覆的延壓，讓麵團緊實，形成孔隙細密均勻而紮實的組織；烘烤時也要反覆的塗刷奶油。好吃的羅宋兼具油而不膩，酥而不乾，綿密而紮實的特性。
○ 硬質麵團整型時不用刻意捲太多的圈數，順勢的整型到底就好；捲圈太多反而會過於緊實，口感紮實會少了綿密化口性。
○ 麵團須要經過反覆的擀壓，用壓麵機操作較省時省力；家庭純手工操作會較吃力，適合較少量的製作。

Step by Step

○製作麵團

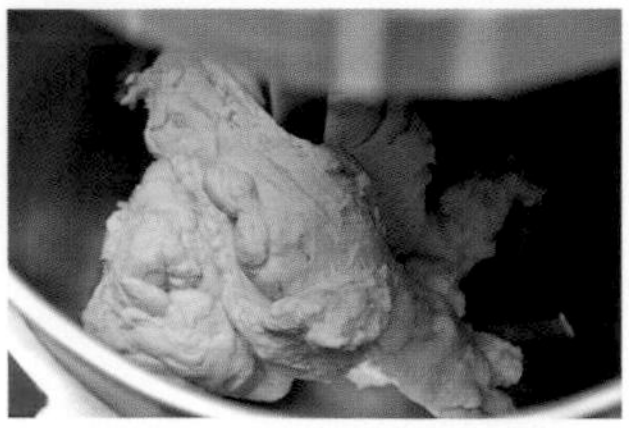

❶ 麵團製作參見P118-121「蘭姆葡萄杉木」作法1-2完成製作。

添加甜麵團能讓麵團更為保濕外，還能帶出別有的彈性口感。此類的麵團在延壓折疊後即進行冷藏鬆弛，不須經過中間發酵。

○延壓、冷藏鬆弛

❷ 將麵團輕拍壓出氣體，用壓麵機延壓平至成長60cm×寬30cm長片。

❸ 麵團延壓3折4次的折疊操作參見P118-121「蘭姆葡萄杉木」作法4-8完成製作。

○分割、整型、最後發酵

❹ 分割麵團成200g。

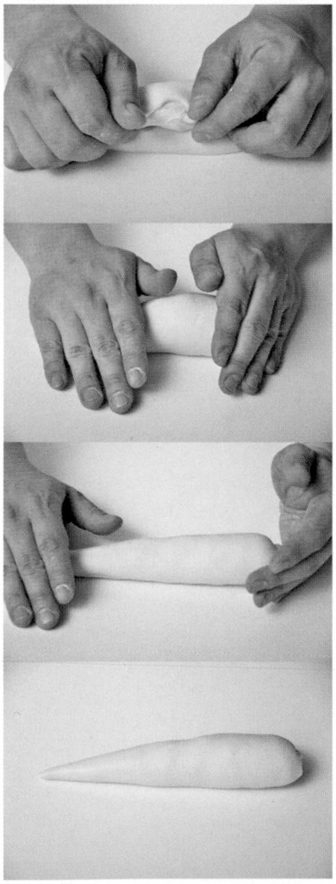

❺ 將麵團朝底對折收整成團再稍滾圓後搓揉成水滴狀。

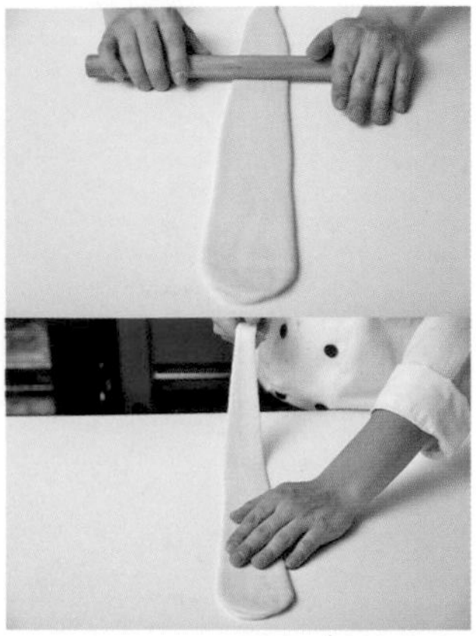

❻ 將麵團擀壓平，再一邊拉住底部一邊延展擀壓至成三角狀（長約38cm）。

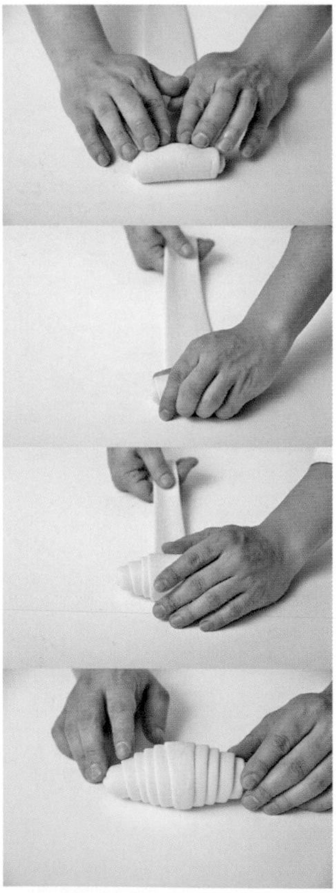

❼ 從較寬的圓端稍捲折，並一邊拉住底部控制，一邊用平均力道捲起到底（約捲8-9圈），收口於底。

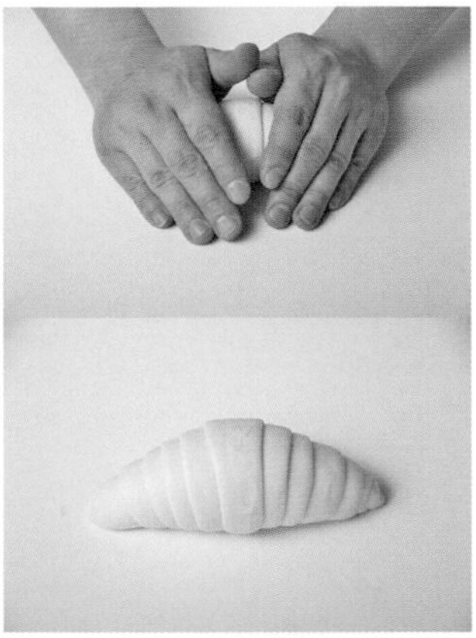

❽ 稍聚攏整型成牛角狀。

❾ 等間距整齊放置烤盤中，最後發酵90分鐘。

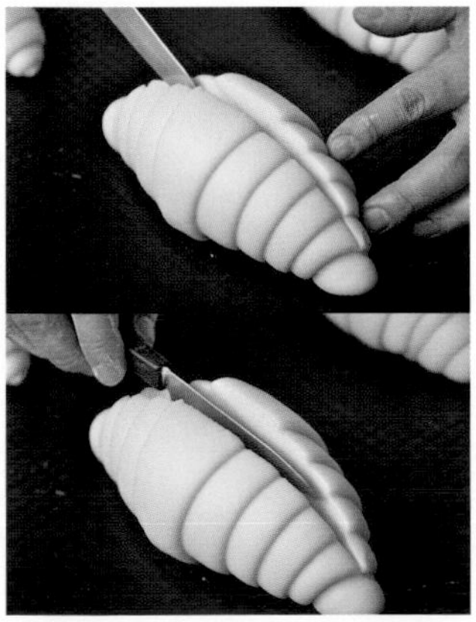

❿ 用小刀在表面中間切劃直線刀口（深及厚度的1/2）。

⓫ 在刀口處放入奶油（25g），撒上適量海鹽，並在烤盤空隙處放入無水奶油。

漸進依序有層次的切割出切口，烤好的製品會形成有層次的斷面。

○烘烤

⓬ 放入烤箱，用上火190℃／下火170℃，先烤7分鐘，取出，用毛刷在表面塗刷無水奶油，再用上火160℃／下火170℃，繼續烤約16分鐘；烘烤期間每隔4分鐘，在表面塗刷無水奶油，重複操作共4次。

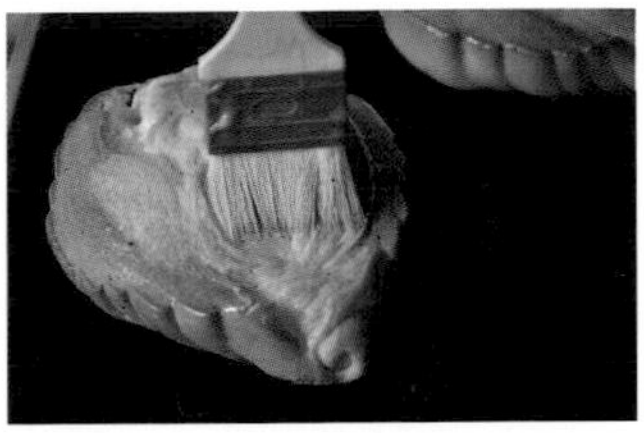

⓭ 出爐，連烤盤重敲震出空氣，塗刷無水奶油。

過程中必須在表面反覆塗刷無水奶油再烘烤，讓麵包能充分吸收奶油與鹽分，帶出特有的濃郁香氣。

⓮ 待冷卻即可。

超綿卷心吐司
抹茶卷心吐司

MILK TOAST
超綿卷心吐司

麵團
中種法

模型
SN2066
低糖健康
土司盒

份量
約3條

保存
常溫2天
冷凍7天

Ingredients

〔中種〕

高筋麵粉............260g
鮮奶....................150g
新鮮酵母.............25g

〔主麵團〕

高筋麵粉............740g
細砂糖................210g
奶水....................105g
全蛋....................150g
奶粉......................50g
水..........................60g
鹽............................9g
新鮮酵母................5g
無鹽奶油............100g

〔抹茶卡士達餡〕

基本量的卡士達餡（P55）
抹茶粉....................7g

商品的重點

○ 硬質麵團的吐司。由於水分比例較少，採用中種法發酵藉以讓麵團質地柔軟，再經反覆延壓帶出有別一般吐司的綿密口感。
○ 做出好口感的重點，在麵團的延壓，當麵團延壓得不夠時，成品表皮略硬，組織乾柴；延壓得過頭組織粗糙，老化快，膨脹性差。理想的延壓狀態，不只是麵團有光亮面，麵筋還帶些許彈性。

Step by Step

◯中種麵團

❶ 將所有材料→低速攪拌2分鐘混合均匀後，再轉→中速攪拌2分鐘。整合麵團成圓球狀，放入容器中，用保鮮膜覆蓋，室溫（30℃）發酵60分鐘。

⬇

◯主麵團攪拌

❷ 將中種麵團與所有主麵團材料用→低速攪拌3分鐘均匀成團後，再轉→中速攪拌8分鐘至呈光滑（終溫26℃）。

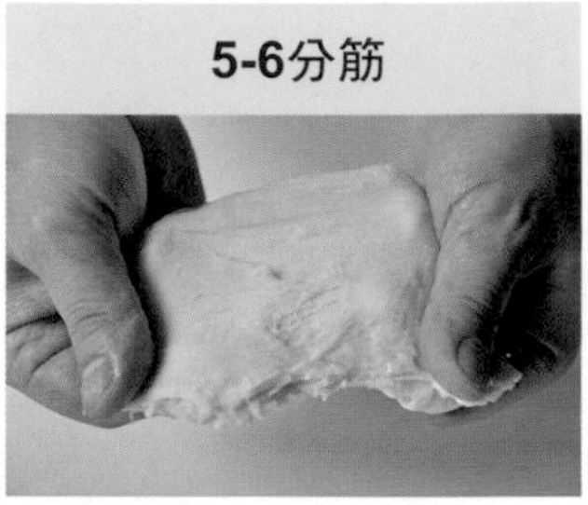

❸ 麵團攪拌完成的狀態。麵團均匀、筋度彈性。

此類的麵團在延壓折疊後即進行冷藏鬆弛，不須經過中間發酵。

⬇

◯延壓、冷藏鬆弛

❹ 將麵團輕拍壓出氣體，用壓麵機延壓平至成長60cm×寬30cm長片。

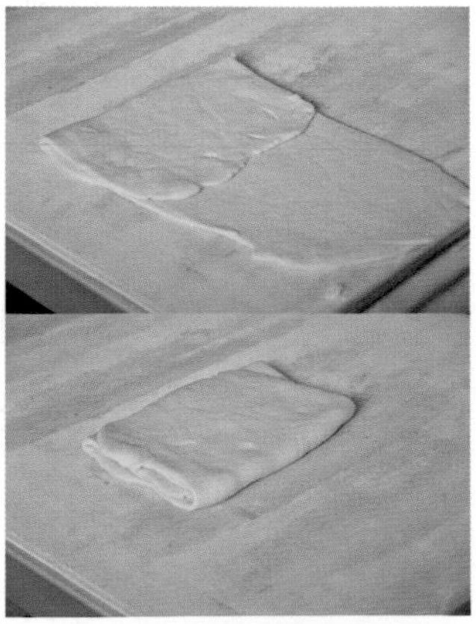

❺ 將左側1/3向中間折疊，再將右側1/3向中間折疊，折疊成3折（**3折1次**）。

❻ 將麵團延壓平整薄成長片狀。將左側1/3向中間折疊，再將右側1/3向中間折疊，折疊成3折（**3折2次**）。

❼ 將麵團延壓平整薄成長片狀。將左側1/3向中間折疊，再將右側1/3向中間折疊，折疊成3折（**3折3次**）。

分割、整型、最後發酵

❽ 依法重複延壓、折疊的操作3折4次，直至麵團成光滑片狀，用塑膠袋包覆，冷藏鬆弛20分鐘。

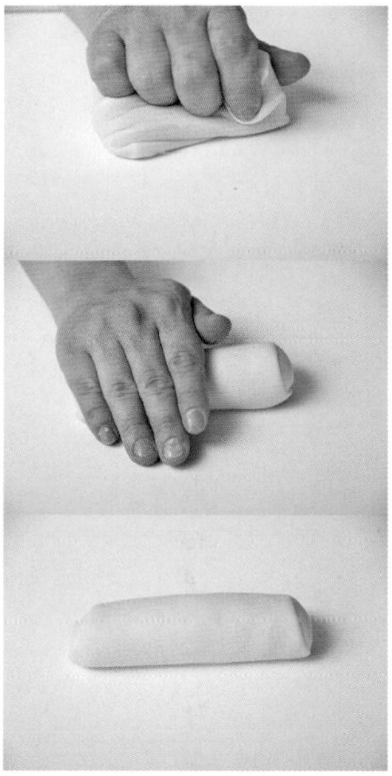

❾ 分割麵團成160g，將麵團往底部對折整合後稍滾圓後搓揉成長條狀，稍冷藏。

原味款

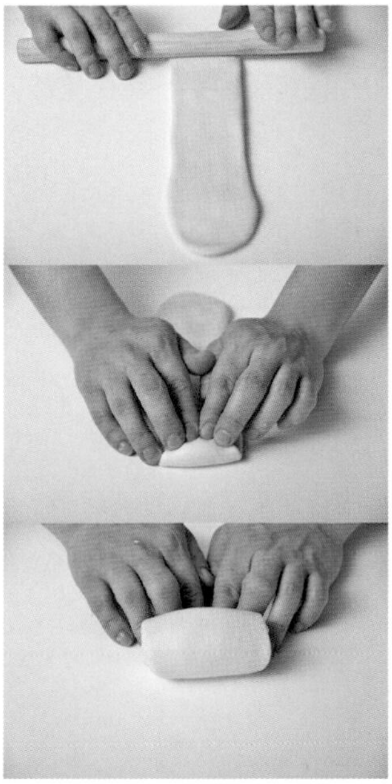

❿ 將麵團用擀麵棍擀壓成橢圓片狀、光滑面朝下，從前端將兩側稍往內捲折再順勢捲起至底成圓筒狀。

卷心款

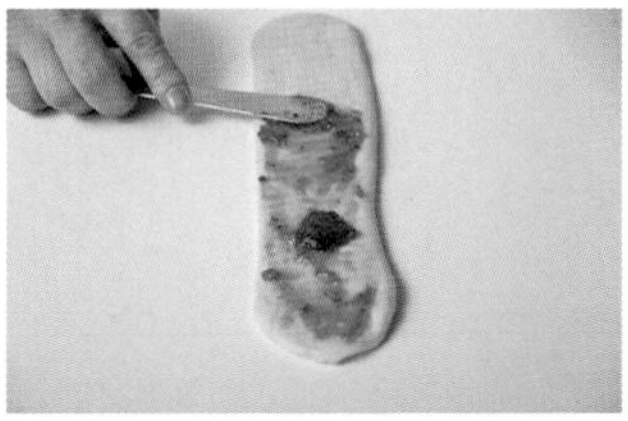

⓫ 將擀成橢圓片的麵團表面，塗抹上果醬（20g或抹茶卡士達餡）。

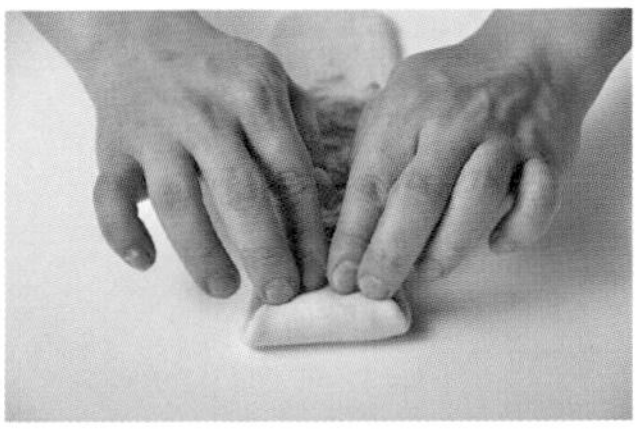

⓬ 從前端將兩側稍往內捲折再順勢捲起至底成圓筒狀。

⓭ 將3個麵團為組，收口朝底，放入模型中，最後發酵90分鐘，蓋上吐司模蓋。

烘烤

⓮ 放入烤箱，用上火200℃／下火200℃，烤30分鐘。出爐，連烤盤重敲震出空氣，脫模，放涼。

CHOCOLATE CAKE TOAST
巧克力蛋糕吐司

麵團
中種法
蛋糕糊

模型
SN2066
低糖健康
土司盒

份量
約7條

保存
常溫2天
冷凍7天

Ingredients

〔中種〕

高筋麵粉............350g
全蛋.......................75g
鮮奶....................100g
高糖乾酵母............4g
水..........................50g

〔主麵團〕

Ⓐ 高筋麵粉.......150g
細砂糖...........100g
鹽.......................5g
奶粉................15g
水..................110g
魯邦種（P80）..50g
高糖乾酵母.......1g
Ⓑ 無鹽奶油.........50g

〔可可麵糊〕

Ⓐ 沙拉油...........125g
無鹽奶油.........66g
水..................180g
Ⓑ 法芙娜可可粉.75g
小蘇打粉...........1g
蛋黃..............233g
細砂糖...........125g
低筋麵粉.......350g
Ⓒ 蛋白..............500g
塔塔粉...............2g
鹽.......................1g
細砂糖...........233g

商品的重點

○ 麵包與蛋糕的雙享滋味！細緻香濃的蛋糕捲著柔軟的麵包體，可可香氣摻著麵包香，樸實卻有深度的美味。

○ 吐司蛋糕最難判斷的是是否已烤熟透，一般有經驗的師傅除了以時間作為參考，也會用手輕壓蛋糕去感覺彈性，但這需要經驗的累積，穩定性會有些許落差；或者可使用竹籤戳洞來輔助辨別：將竹籤插入蛋糕的中央部位，抽取出的竹籤若未沾黏麵糊即表示烤熟。

Step by Step

○使用模型

❶ SN2066低糖健康土司盒／450g，鋪放入紙模。

○製作麵團

❷ 麵團製作參見P24-25「基本甜麵團」作法1-10完成製作。

❸ 分割麵團成150g，輕拍稍平整，由內側往外側捲折，收合於底。稍滾動整理麵團成圓球狀，讓表面變得飽滿，中間發酵25分鐘。

○整型、最後發酵

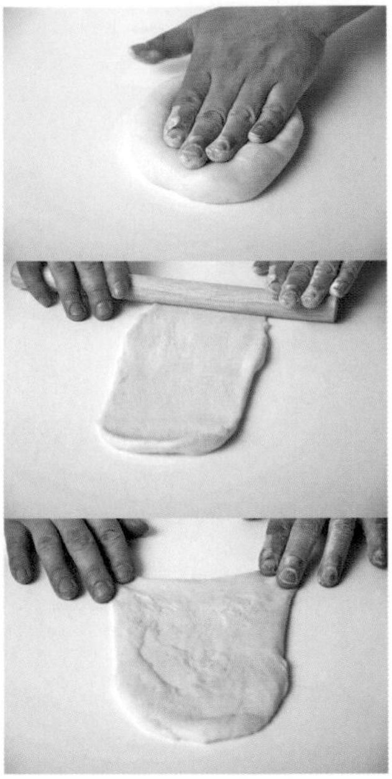

❹ 用手掌輕拍麵團排出氣體，用擀麵棍擀壓平、平順光滑面朝下，並在底部稍延壓開（幫助黏合）。

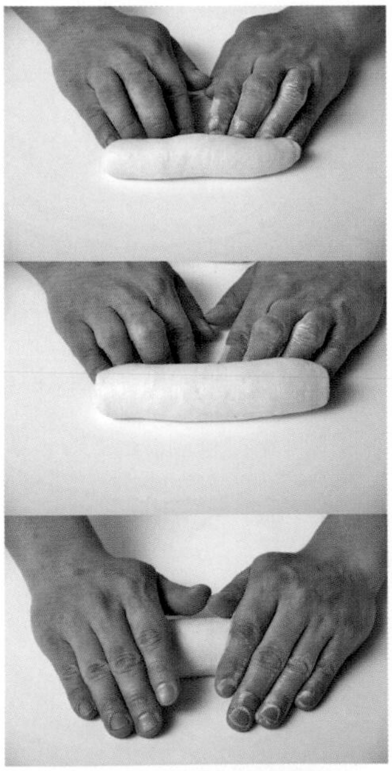

❺ 從前側往底部捲起到底。

❻ 收合於底，稍搓揉兩端整型。

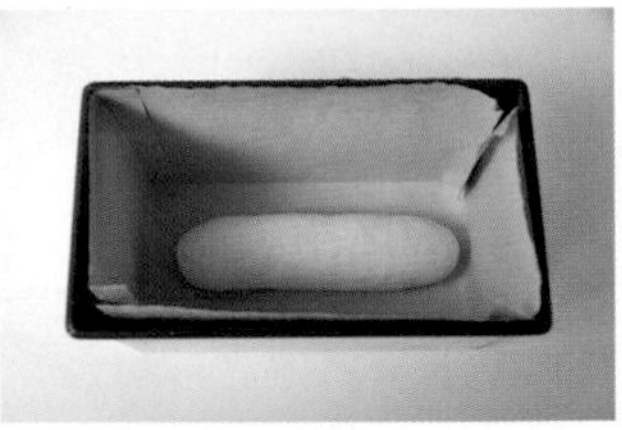

❼ 將麵團收口朝下，放入模型中，最後發酵45分鐘。

○可可麵糊

❽ 鍋中放入沙拉油、奶油、水用中火煮至沸騰，離火，加入混合過篩的可可粉、小蘇打粉、細砂糖用打蛋器攪拌混合均勻。

小蘇打粉呈弱鹼性，與酸物混合能釋出二氧化碳使麵糊膨脹，加太多會破壞蛋糕的組織及味道。添加少許在麵糊中有蓬鬆作用。

❾ 加入打散的蛋黃攪拌融合，再加入過篩低筋麵粉攪拌至無粉粒。

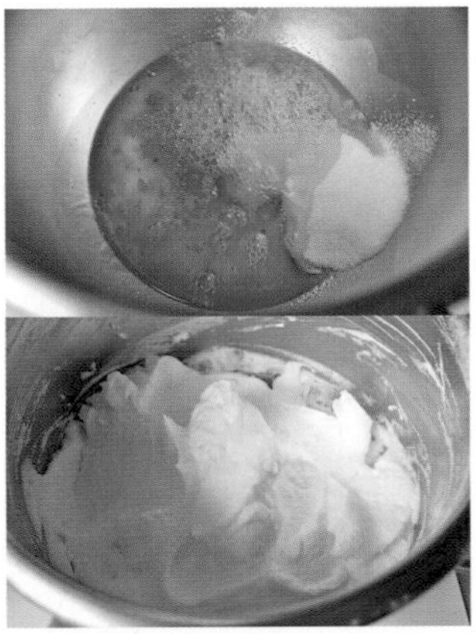

❿ 將蛋白、塔塔粉、鹽用中速攪拌至約5分發，加入細砂糖攪拌打至濕性發泡（約8分發）。

⓫ 取1/3打發蛋白加入作法⑨中先拌勻，再倒入剩餘打發蛋白中混合拌勻。

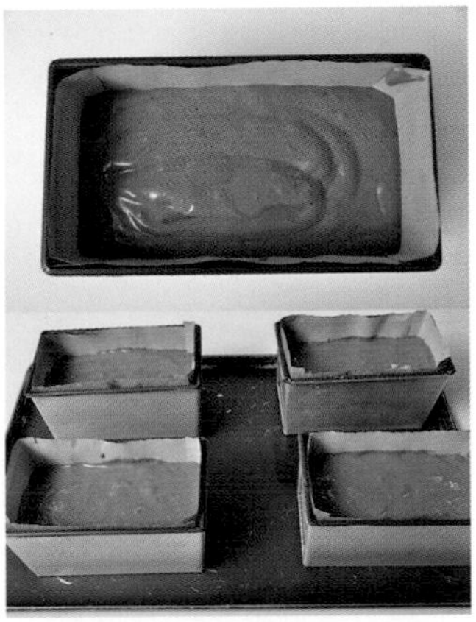

⓬ 將可可麵糊裝入擠花袋（圓口花嘴）在作法⑦中擠入可可麵糊至8分滿，用刮刀抹平表面。

○烘烤

⓭ 放入烤箱，用上火170℃／下火220℃，烘烤12分鐘時在表面中央劃刀，再繼續烘烤18分鐘。

在中間切劃刀口讓裡面的氣體能往兩側脹開，形成漂亮的外型。

⓮ 出爐，連烤模重敲震出空氣，脫模，待冷卻。

HOKKAIDO CHEESE TOAST

乳酪皇冠吐司

麵團
中種法
甜麵團

模型
SN2066
低糖健康
土司盒

份量
約4條

保存
常溫2天
冷凍7天

Ingredients

〔中種〕

高筋麵粉............700g
全蛋....................150g
鮮奶....................200g
高糖乾酵母............8g
水........................100g

〔主麵團〕

高筋麵粉............300g
細砂糖................200g
鹽..........................10g
奶粉......................30g
水........................220g
魯邦種（P80）.....100g
高糖乾酵母............2g
無鹽奶油............100g

〔起司餡〕

奶油乳酪............800g
細砂糖................180g
牛奶......................60g

〔表面用〕

全蛋液................適量
酥波蘿（P68）......適量

商品的重點

○ 這是一款組合了起司餡、酥菠蘿，風味濃醇的吐司。奶油乳酪本身濕潤度高，添加在麵團中可延緩老化、乾燥。使用中種法，還添加了魯邦種，再包捲濕潤度高的奶油乳酪，讓吐司麵包整體的口感更加濕潤。

○ 成型的麵團強度會影響山形的飽滿度。此款為不帶蓋的吐司，整型時盡可能以相同的力道整型，這樣烤出來的山形高度才會一致。

Step by Step

○使用模型

❶ SN2066低糖健康土司盒／450g。

⬇

○起司餡

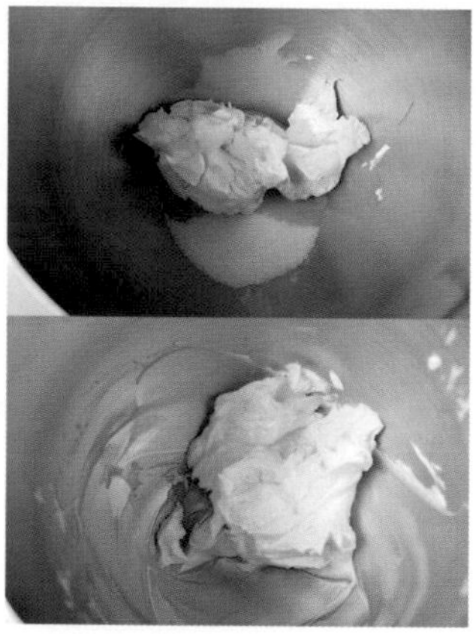

❷ 奶油乳酪、砂糖攪拌至融化，加入牛奶拌勻即可。

⬇

○製作麵團

❸ 麵團製作參見P24-25「基本甜麵團」作法1-10完成製作。

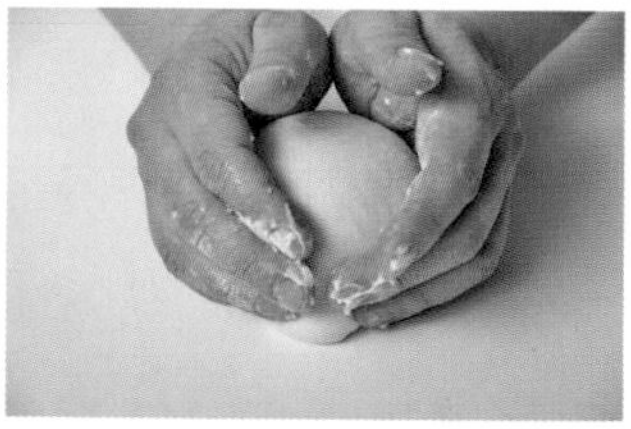

❹ 分割麵團成225g×2個，輕拍稍平整，由內側往外側捲折，收合於底。稍滾動整理麵團成圓球狀，讓表面變得飽滿，中間發酵25分鐘。

⬇

○整型、最後發酵

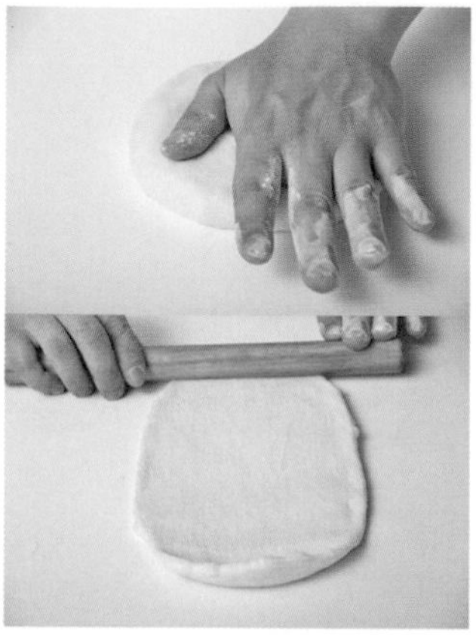

❺ 用手掌輕拍麵團排出氣體，用擀麵棍擀壓平、平順光滑面朝下。

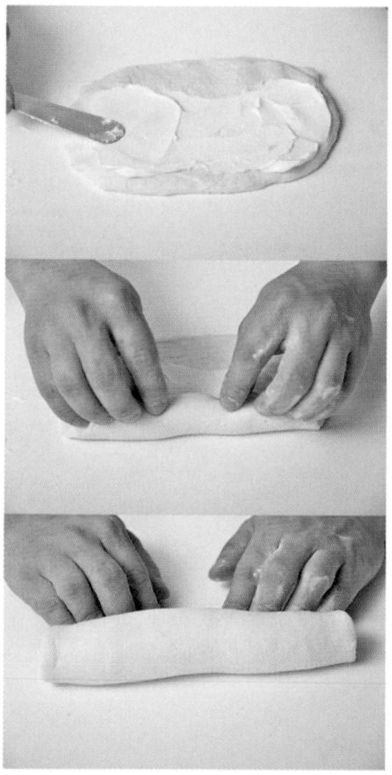

❻ 轉向橫放，用抹餡匙在表面抹上起司餡（40g），從前側往下稍捲折固定後順勢捲起至底，收合於底，整型成圓筒狀。

❼ 將麵團兩端稍滾動搓揉整型。2個麵團為組，收口朝下，放入模型中，最後發酵60分鐘。

❽ 用毛刷在表面塗刷全蛋液，撒上酥菠蘿。

⬇

○烘烤

❾ 放入烤箱，用上火150℃／下火200℃，烘烤30分鐘。出爐，連烤模重敲震出空氣，脫模、待冷卻。

EGG TOAST / 雞蛋香吐司

EGG TOAST
雞蛋香吐司

麵團
中種法
甜麵團

模型
SN2066
低糖健康
土司盒

份量
約4條

保存
常溫2天
冷凍7天

Ingredients

〔中種〕

高筋麵粉	700g
全蛋	150g
鮮奶	200g
高糖乾酵母	8g
水	100g

〔主麵團〕

高筋麵粉	300g
細砂糖	200g
鹽	10g
奶粉	30g
蛋黃	80g
水	170g
魯邦種（P80）	100g
高糖乾酵母	2g
無鹽奶油	100g

商品的重點

○ 這款豐富的麵團中使用了甜麵團，並添加蛋來提升風味與營養價值，相當綿密柔軟，平順的口味又中帶有股溫和的獨特蛋香。

○ 吐司麵包理想的烘烤狀態就是鬆軟又Q彈的口感。判斷筋度、發酵風味是否恰當，從吐司組織的細緻、柔軟度，或發酵的香氣有無過酸，就能得知。

Step by Step

○中種麵團

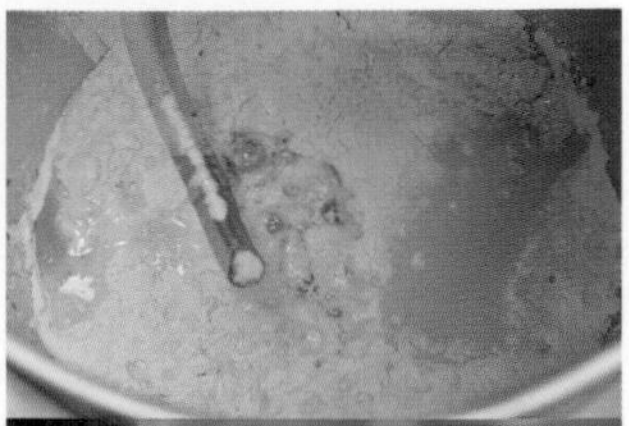

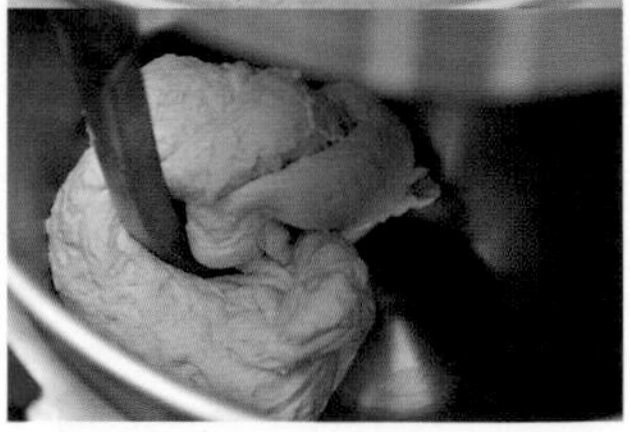

❶ 將所有中種材料→低速攪拌2分鐘混合均勻，再轉→中速攪拌2分鐘。整合麵團成圓球狀放入容器中，室溫（30℃）發酵60分鐘。

⬇

○主麵團攪拌

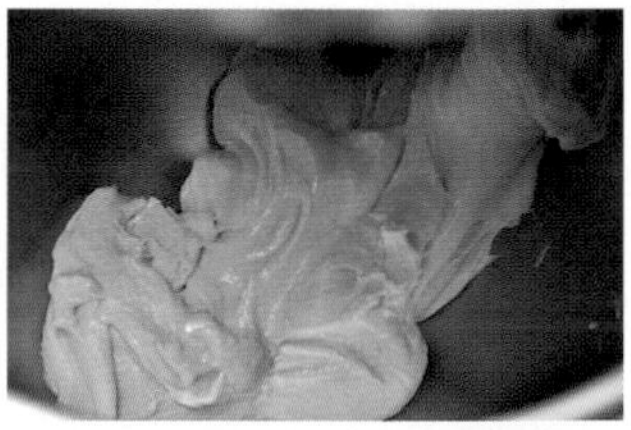

❷ 將中種麵團與主麵團材料（酵母、奶油除外）→低速攪拌2分鐘均勻成團後，加入高糖乾酵母→中速攪拌3分鐘混勻。

❸ 最後加入奶油轉→低速攪拌2分鐘，再轉→中速攪拌1分鐘（終溫26℃）。

麵團攪拌完成的狀態

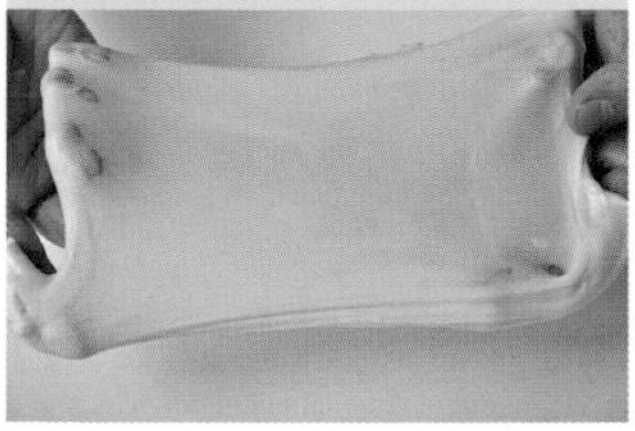

❹ 麵團可拉出均勻薄膜、筋度彈性。

> 魯邦種也可以不加；搭配魯邦種可增加麵團中的乳酸風味，同時也能延緩麵團的老化，讓麵包能維持風味口感。

○基本發酵、翻麵排氣

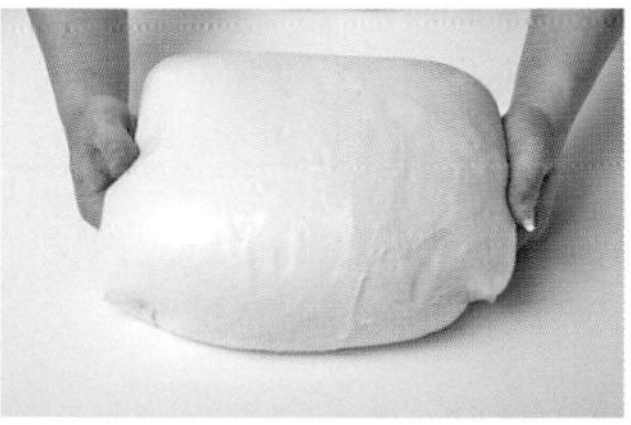

❺ 整合麵團成圓球狀放入容器中，用保鮮膜覆蓋，基本發酵15分鐘。將麵團折疊做翻麵排氣，繼續發酵15分鐘。

○分割、中間發酵

❻ 分割麵團成225g，輕拍稍平整，由內側往外側捲折，收合於底。稍滾動整理麵團成圓球狀，讓表面變得飽滿，中間發酵25分鐘。

○整型、最後發酵

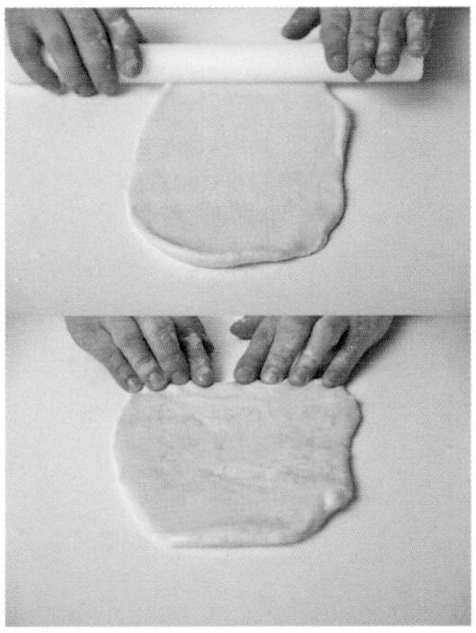

❼ 用手掌輕拍麵團排出氣體，用擀麵棍擀壓平、平順光滑面朝下，並在底部稍延壓開（幫助黏合）。

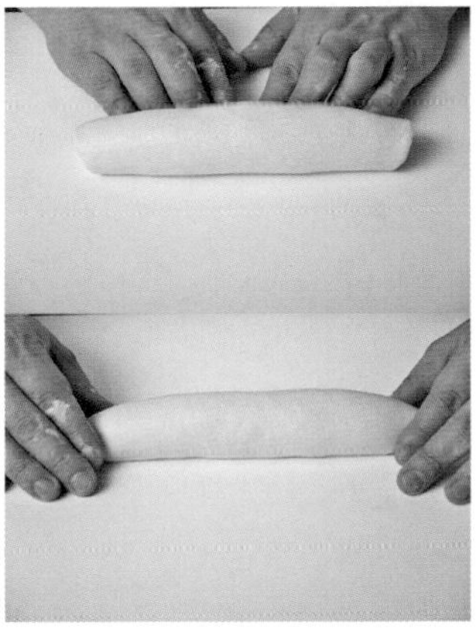

❽ 從外側往底部捲起至底，收合於底，整型成圓筒狀，稍冷藏鬆弛約5-10分鐘。

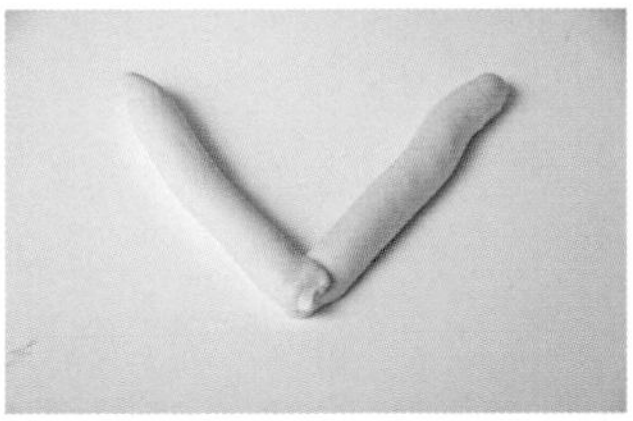

❾ 將麵團稍搓揉均勻，2條為組。

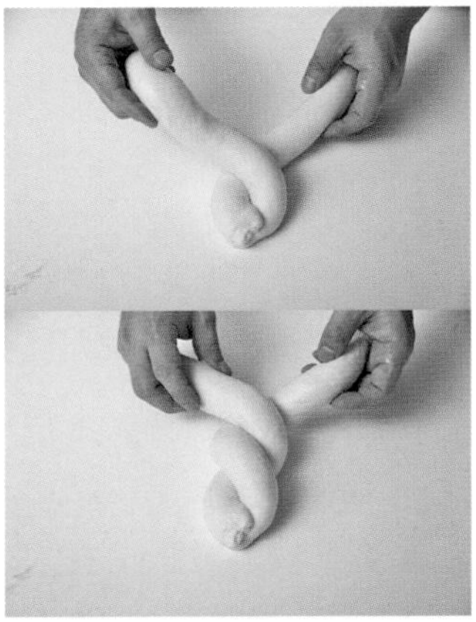

❿ 固定前端後以左右交叉編結的方式編結至底，成雙辮。

⓫ 再將兩側往中間稍擠壓聚攏，確實收合於底。收口朝下放入模型中，最後發酵60分鐘。

○烘烤

⓬ 放入烤箱，用上火160℃／下火210℃，烘烤30分鐘。出爐，連烤模重敲震出空氣，脫模、待冷卻。

WHEAT GERM BREAD

黃金胚芽吐司

麵團
中種法

模型
SN2066
低糖健康
土司盒

份量
約4條

保存
常溫2天
冷凍7天

Ingredients

〔中種〕

高筋麵粉............500g
全粒粉................200g
高糖乾酵母............8g
水........................450g

〔主麵團〕

高筋麵粉............300g
細砂糖..................70g
蜂蜜......................50g
鹽..........................20g
水........................250g
魯邦種（P80）.....100g
高糖乾酵母............2g
胚芽粉................100g
無鹽奶油.............80g

商品的重點

○ 全麥比例至少要達51%以上稱為全麥麵包，此款吐司含量約在20%只能稱為胚芽吐司。早期台灣麵包店的這款吐司是永遠叫好不叫座，然而因為它的高營養又充滿麥香的健康意象，讓他成為麵包店裡的最佳綠葉。配方中添加魯邦種的目的除了有乳酸風味外，最重要的是有延緩老化作用。

○ 烤焙後成品四邊會呈現出四白邊是最理想的狀態。麵團發酵過度，麵包的四邊稜角會很明顯，冷卻後皮硬，口感也會變得粗糙乾燥；發酵不足，麵包的四邊角會顯得圓潤，組織粗糙，老化快。

Step by Step

○使用模型

❶ SN2066低糖健康土司盒／450g。

○中種麵團

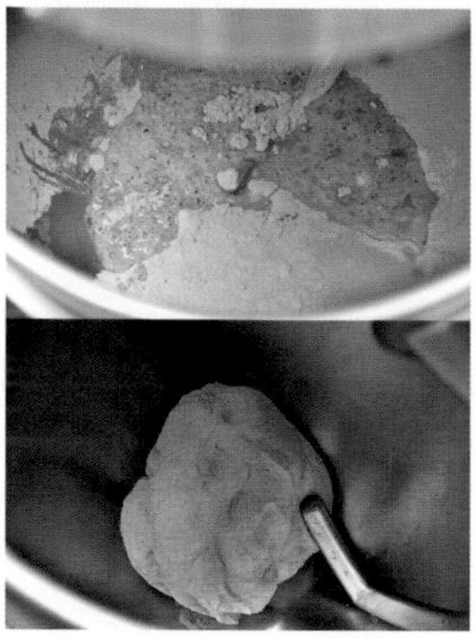

❷ 將高筋麵粉、全粒粉、水、高糖酵母→低速攪拌2分鐘混合均勻後，再轉→中速攪拌2分鐘。

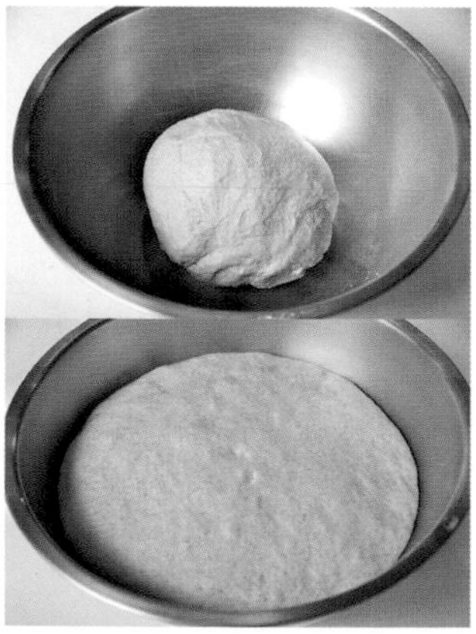

❸ 整合麵團成圓球狀，放入容器中，用保鮮膜覆蓋，室溫（30℃）發酵60分鐘。

○主麵團攪拌

❹ 將主麵團所有材料（酵母除外）→低速攪拌2分鐘均勻成團後，加入高糖乾酵母→中速攪拌3分鐘混勻。

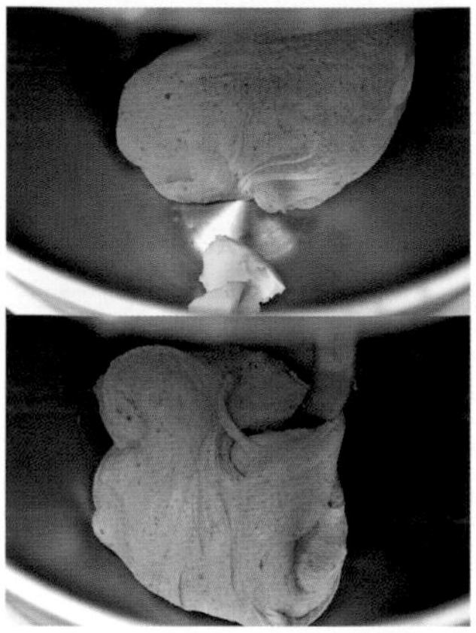

❺ 再加入奶油轉→低速攪拌2分鐘，再轉→中速攪拌1分鐘（終溫26℃）。

麵團攪拌完成的狀態

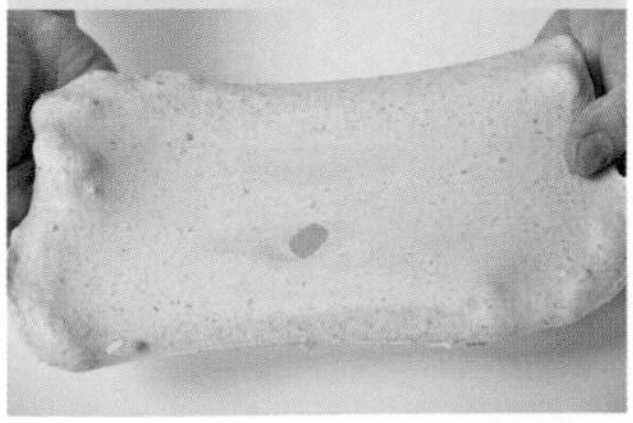

❻ 麵團可拉出均勻薄膜、筋度彈性。

○基本發酵、翻麵排氣

❼ 整合麵團成圓球狀，放入容器中，用保鮮膜覆蓋，基本發酵15分鐘。將麵團折疊做翻麵排氣，繼續發酵15分鐘。

○分割、中間發酵

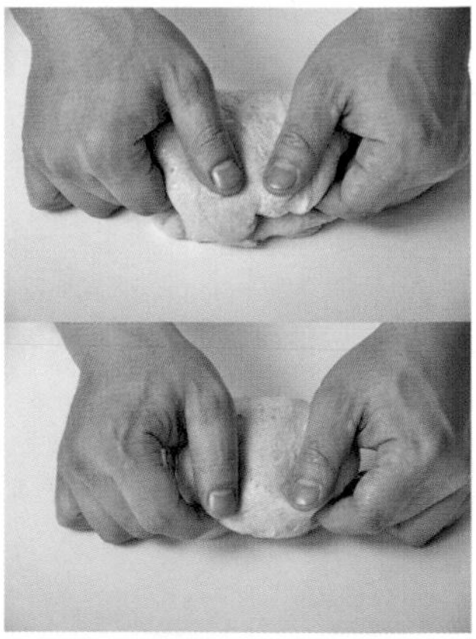

❽ 分割麵團成250g，輕拍稍平整，由內側往外側捲折，收合於底。

⑨ 稍滾動整理麵團成圓球狀，讓表面變得飽滿，中間發酵25分鐘。

○整型、最後發酵

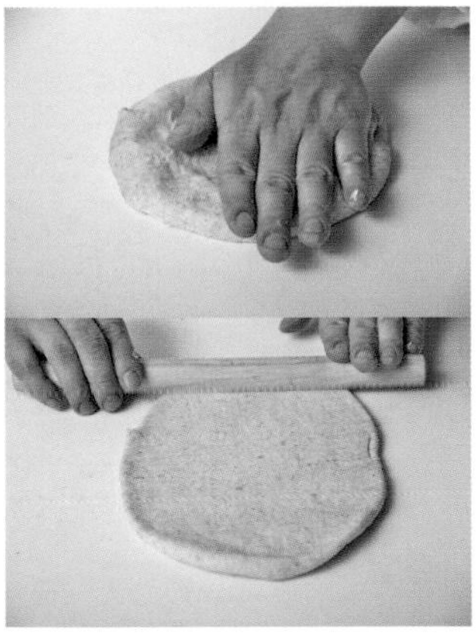

⑩ 用手掌輕拍麵團排出氣體，用擀麵棍擀壓平、平順光滑面朝下。

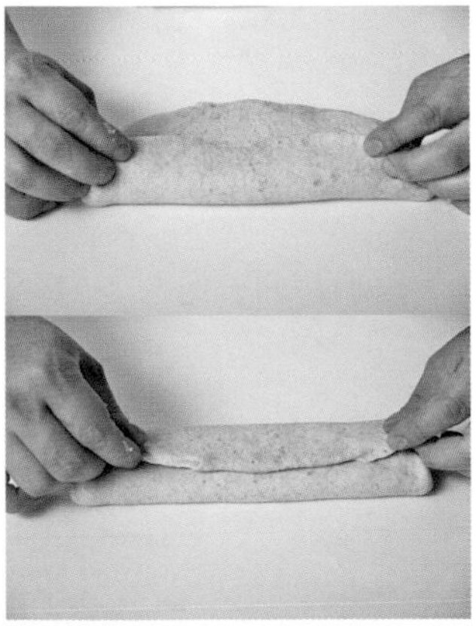

⑪ 從前側往中間折1/3折，再從底部往中間折1/3折，折疊成長片狀，鬆弛25分鐘。

為了避免讓麵筋太緊實，這裡以折疊的方式來整型；整型後鬆馳後再做第二次的擀捲。

⑫ 將麵團縱放，擀壓平，從前側往底部捲起至底，收合於底，整型成圓筒狀。

⑬ 將2個麵團為組，收口朝下放入模型中。

⑭ 最後發酵60分鐘，蓋上吐司蓋。

○烘烤

⑮ 放入烤箱，用上火200℃／下火200℃，烘烤30分鐘。出爐，連烤模重敲震出空氣，脫模、待冷卻。

PART 3

本土之情的
舶來之味

以舶來之味融合本土豐厚的人情物意，本土與西洋文化的交融，展現屬於在地的特色，開啟台式麵包的多元包容與獨創。

CHERRY BLOSSOM BREAD ／ 酒種櫻花紅豆

CHESTNUT BREAD ／ 和風秋栗

JAPANESE CHEESE BREAD ／ 酒種乳酪起司

CHERRY BLOSSOM BREAD

酒種櫻花紅豆

麵團
直接法

模型
--

份量
約44個

保存
常溫2天
冷凍7天

Ingredients

〔麵團〕

Ⓐ 高筋麵粉............. 500g
細砂糖................... 90g
鹽 7.5g
全蛋 50g
星野生種（P194）.... 40g
星野蜂蜜種（P195）400g
水 160g
Ⓑ 無鹽奶油............. 100g

〔內餡〕

紅豆餡............. 1320g
鹽漬櫻花 44朵

商品的重點

以製作出日本繁盛商品，洋溢自然香甜的「酒種櫻花紅豆麵包」為設計。在麵團中特別添加了星野酵母來加以製作，讓麵團帶有清酒的獨特芳香。由於麵包體本身作小，為了避免水分的流失影響口感，會以高溫短時的方式烤焙。

Step by Step

前置處理

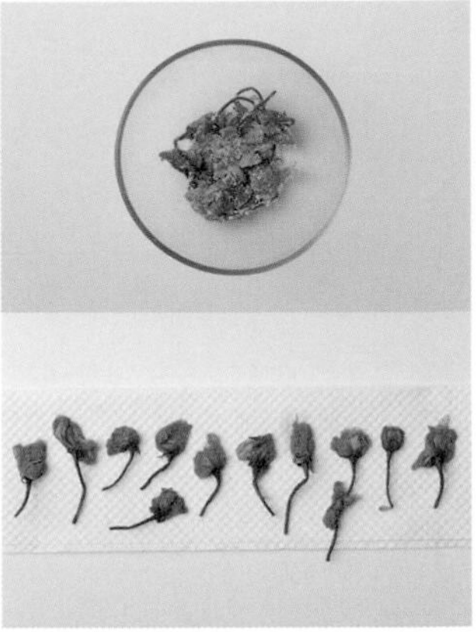

❶ 將鹽漬櫻花浸泡冷開水中，去除多餘的鹽分，用餐巾紙拭乾後使用。

鹽漬櫻花先用冷開水稍浸泡去除多餘的鹽分鹹度，用餐巾紙拭乾水分使用。

攪拌麵團

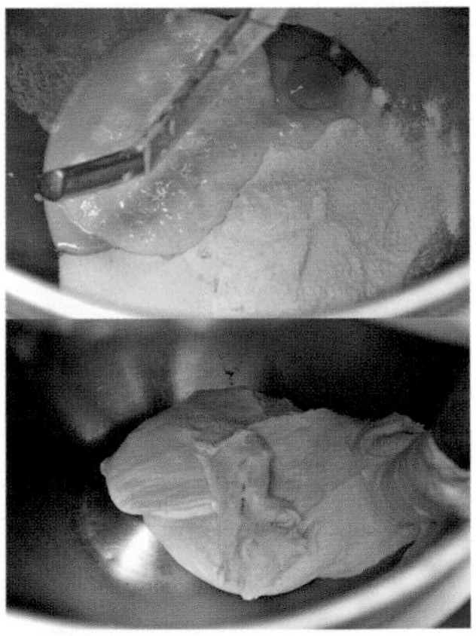

❷ 將所有材料Ⓐ→低速攪拌2分鐘均勻成團後轉→中速攪拌3分鐘。

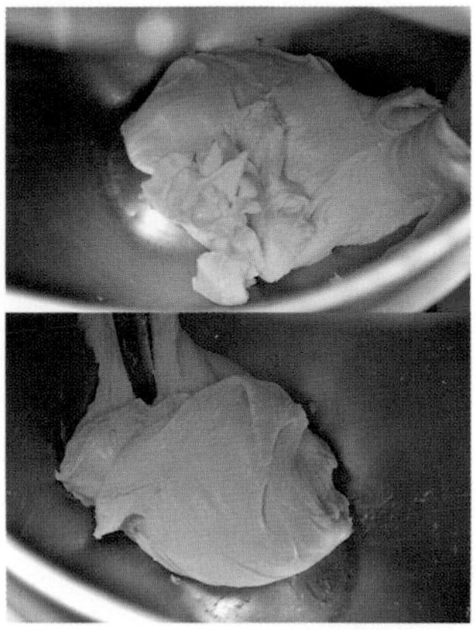

③ 加入奶油轉→低速攪拌2分鐘再轉→中速攪拌1分鐘（終溫28℃）。

麵團攪拌完成的狀態

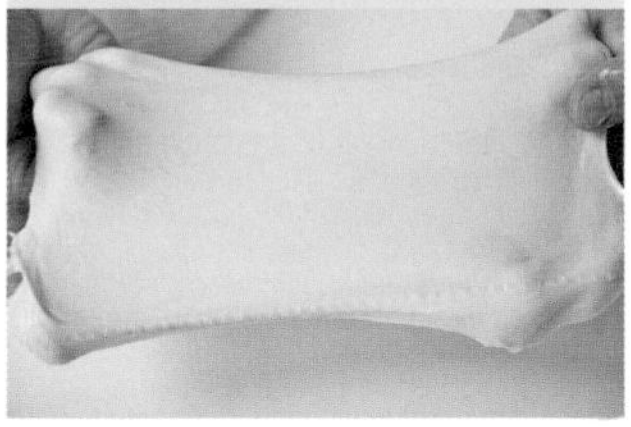

④ 麵團可拉出均勻薄膜、筋度彈性。

⬇

○基本發酵、翻麵排氣

⑤ 整合麵團成圓球狀，放入容器中，用保鮮膜覆蓋，基本發酵45分鐘。將麵團折疊做翻麵排氣，繼續發酵45分鐘。

⬇

○分割、中間發酵

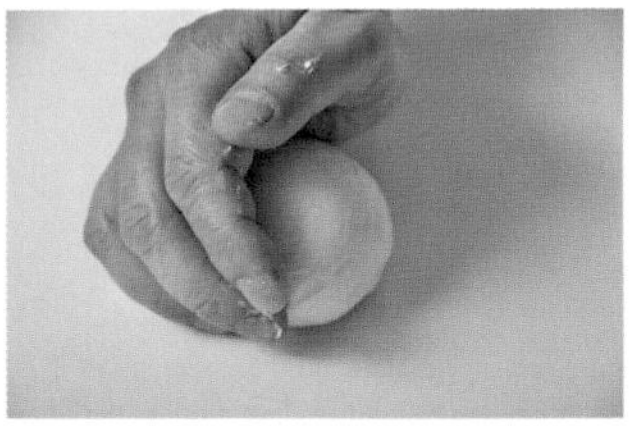

⑥ 分割麵團成30g，輕拍稍平整，由內側往外側捲折，收合於底。稍滾動整理麵團成圓球狀，讓表面變得飽滿，中間發酵25分鐘。

⬇

○整型、最後發酵

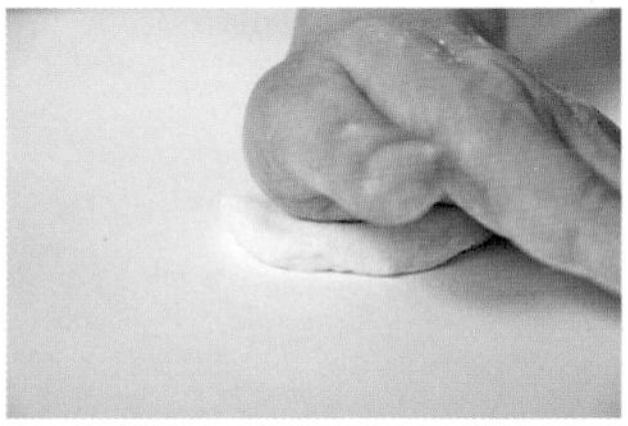

⑦ 用手掌輕拍麵團排出氣體、平順光滑面朝下。

⑧ 用抹餡匙在麵團表面按壓抹入紅豆餡（30g），將四周麵皮朝中間捏合包覆住餡料，收合，整型成圓球狀。

麵團膨脹時為避免紅豆餡從麵團中露出，要緊實的包在中央，並捏緊收口。

⑨ 在表面中間按壓入鹽漬櫻花。等間距的整齊放置烤盤中，最後發酵90分鐘。

⬇

○烘烤

⑩ 放入烤箱，用上火240℃／下火170℃，烘烤7分鐘。出爐，連烤盤重敲震出空氣，放涼。

CHESTNUT BREAD
和風秋栗

麵團
直接法

模型
--

份量
約44個

保存
常溫2天
冷凍7天

Ingredients

〔麵團〕

Ⓐ 高筋麵粉.............. 500g
細砂糖..................... 90g
鹽 7.5g
全蛋 50g
星野生種（P194）.... 40g
星野蜂蜜種（P195）400g
水 160g
Ⓑ 無鹽奶油............. 100g

〔栗子餡〕

Ⓐ 無糖栗子泥...425g
糖漬栗子粒...200g
鮮奶油............30g
細砂糖............25g
Ⓑ 碎核桃（烤過）適量

〔表面用〕

碎核桃（烤過）.... 適量

商品的重點

○ 這款麵包使用的麵團與酒種櫻花紅豆的麵團相同，特別添加了星野酵母來製作，主要都在讓烤出的麵包帶有酒種釋出的深邃芳香。
○ 此款麵團可搭配不同甜餡做多變化的延伸，非常適合做成各式甜口味的麵包。

Step by Step

○栗子餡

❶ 將所有材料Ⓐ混合拌勻即可。

⬇

○製作麵團

❷ 麵團製作參見P148-149「酒種櫻花紅豆」作法2-5完成製作。

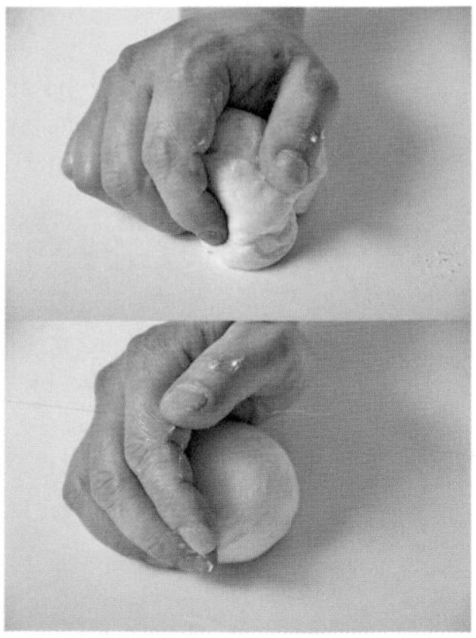

❸ 分割麵團成30g，輕拍稍平整，由內側往外側捲折，收合於底。

○整型、最後發酵

④ 稍滾動整理麵團成圓球狀，讓表面變得飽滿，中間發酵25分鐘。

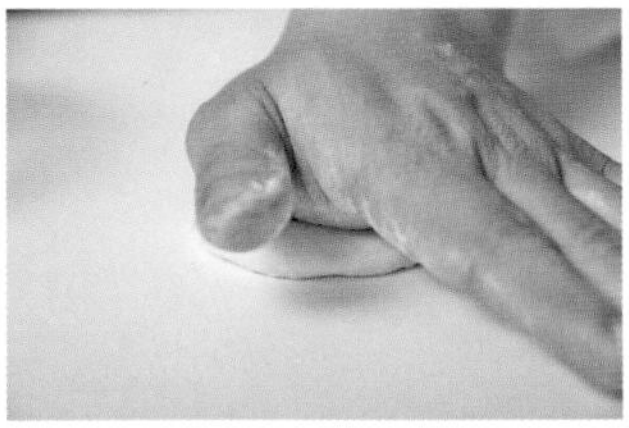

⑤ 用手掌輕拍麵團排出氣體、平順光滑面朝下。

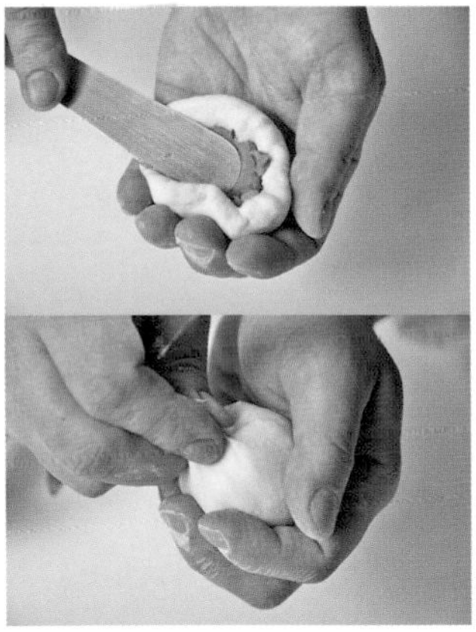

⑥ 用抹餡匙在麵團表面按壓抹入栗子餡（30g），壓入1/8碎核桃，將四周麵皮朝中間捏合包覆住餡料，收合，整型成圓球狀。

> 麵團膨脹時為避免栗子餡從麵團中露出，要緊實的包在中央，並捏緊收口。

⑦ 在表面中間按壓入已事先烤上色的核桃。等間距的整齊放置烤盤中，最後發酵90分鐘。

> 按壓入的力道深及至手指可觸碰到麵團底部。

○烘烤

⑧ 放入烤箱，用上火240℃／下火170℃，烘烤7分鐘。出爐，連烤盤重敲震出空氣，放涼。

JAPANESE CHEESE BREAD

酒種乳酪起司

麵團
直接法

模型
--

份量
約44個

保存
常溫2天
冷凍7天

Ingredients

〔麵團〕

Ⓐ 高筋麵粉............. 500g
細砂糖.................... 90g
鹽.......................... 7.5g
全蛋....................... 50g
星野生種（P194）.... 40g
星野蜂蜜種（P195）400g
水......................... 160g
Ⓑ 無鹽奶油............. 100g

〔起司餡〕

奶油乳酪........... 900g
細砂糖................ 202g
牛奶..................... 67g

〔表面用〕

全蛋液................ 適量

商品的重點

○ 星野酵母發酵後帶有淡淡清酒的香氣。這裡使用星野酵母種增添麵團的芳香，讓風味更加馥郁，而搭配的起司餡也讓滋味變得更深邃。

○ 整型包覆內餡時要確實收口把麵團空氣按壓出來，這樣成形的組織才會細緻，如果有空氣殘留在麵團裡沒擠壓出來就會有粗糙感。

Step by Step

○起司餡

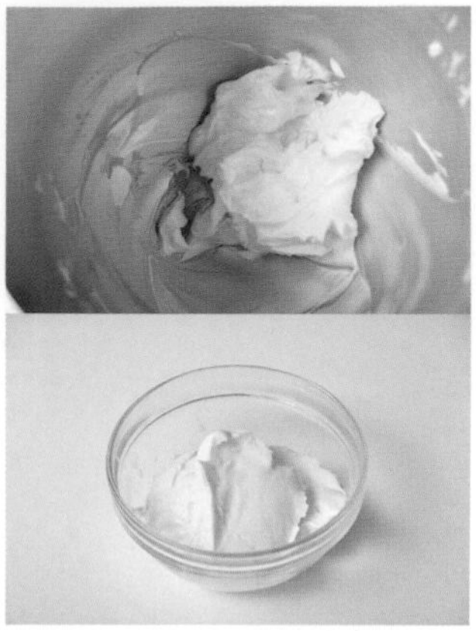

❶ 奶油乳酪、砂糖攪拌至融化，加入牛奶拌勻即可。

⬇

○製作麵團

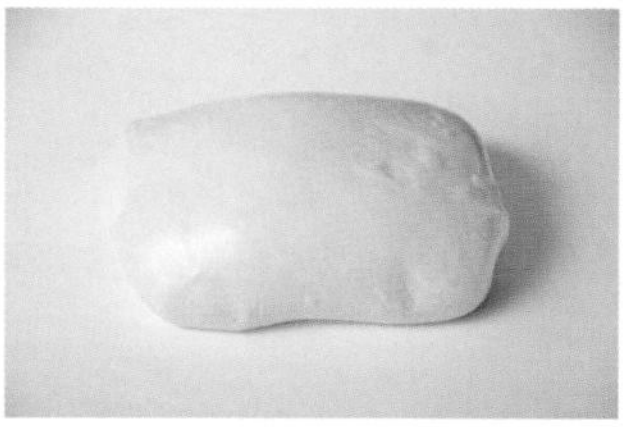

❷ 麵團製作參見P148-149「酒種櫻花紅豆」作法2-5完成製作。

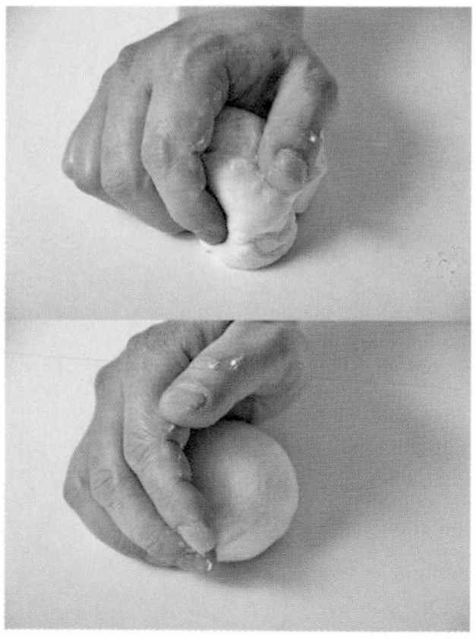

❸ 分割麵團成30g，輕拍稍平整，由內側往外側捲折，收合於底。

❹ 稍滾動整理麵團成圓球狀，讓表面變得飽滿，中間發酵25分鐘。

⬇

◯整型、最後發酵

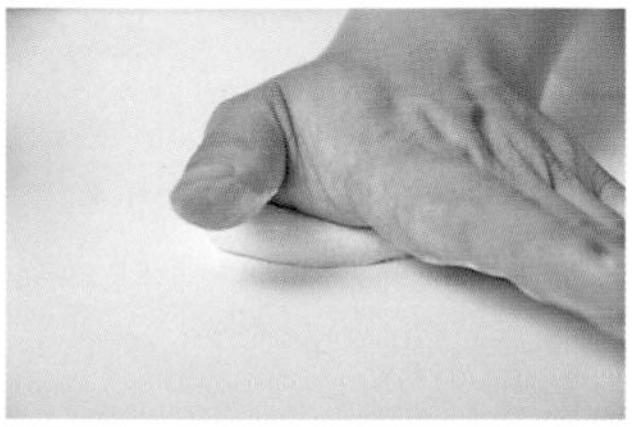

❺ 用手掌輕拍麵團排出氣體、平順光滑面朝下。

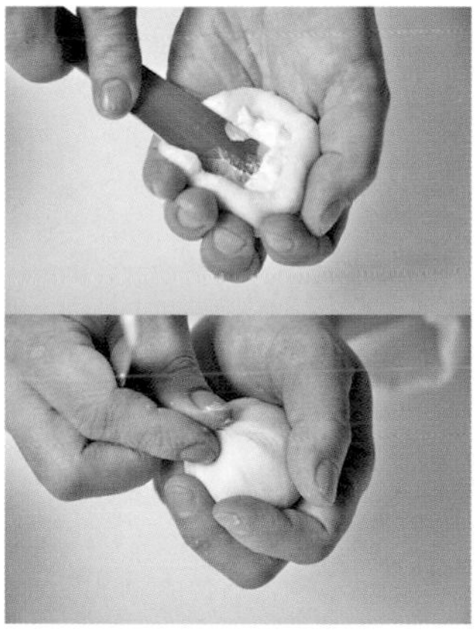

❻ 用抹餡匙在麵團表面按壓抹入起司餡（30g），將四周麵皮朝中間捏合包覆住餡料，收合，整型成圓球狀。

麵團膨脹時為避免起司餡從麵團中露出，要緊實的包在中央，並捏緊收口。

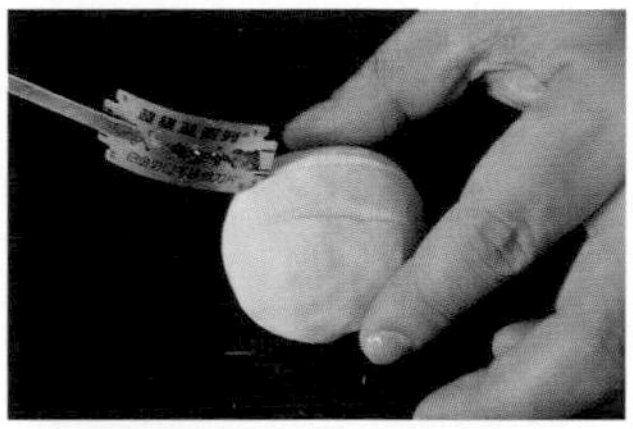

❼ 用小刀在表面切劃2刀口，等間距的整齊放置烤盤中，最後發酵90分鐘。

❽ 用毛刷在麵團表面塗刷全蛋液。

⬇

◯烘烤

❾ 放入烤箱，用上火240℃／下火170℃，烘烤7分鐘。出爐，連烤盤重敲震出空氣，放涼。

HOKKAIDO CREAM CHEESE BREAD

北海道乳酪奶昔

麵團
直接法

模型
--

份量
約10個

保存
常溫2天
冷凍7天

Ingredients

〔麵團〕

高筋麵粉 500g
細砂糖 25g
鹽 9g
奶粉 5g
無鹽奶油 25g
星野生種（P194）.. 25g
星野蜂蜜種（P195）
.... 250g
水 240g

〔乳酪奶昔餡〕

卡士達餡（P55）.. 200g
特濃奶酥餡（P68）
.... 200g

〔糖霜〕

無鹽奶油 100g
糖粉 100g

〔表面用〕

糖粉 .... 適量

商品的重點

○ 用酒種麵團做出帶有清香、鬆軟輕盈的麵團，內餡使用奶酥餡、卡士達餡調製，以特殊的調和呈現出奶昔的口感般，是款日皮台骨風味的麵包。

○ 擀捲時的力道強度要一致，力道若不平均，麵團在發酵後因膨脹程度不同就會變得不一；餡料也要塗抹得平均，尤其是邊角特別容易忽略，會使得餡料都集聚在中間，兩側吃不到餡料的情形。

Step by Step

○乳酪奶昔餡

❶ 將所有材料混合拌勻。

○攪拌麵團

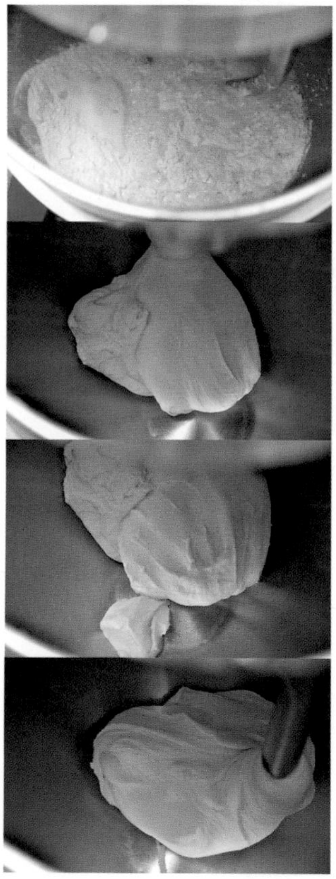

❷ 將所有材料→低速攪拌2分鐘均勻成團後轉→中速攪拌3分鐘至麵團表面呈光滑（終溫28℃）。

麵團攪拌完成的狀態

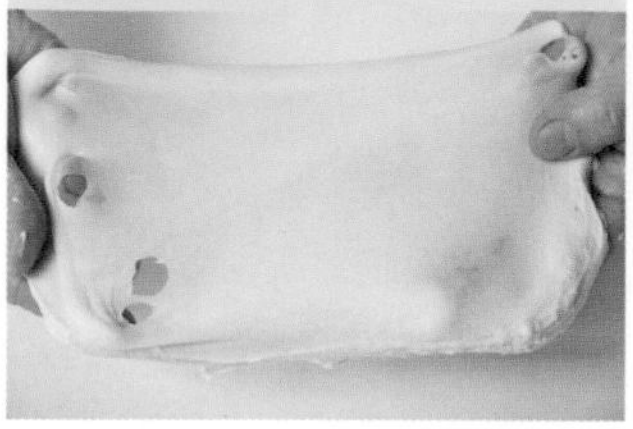

❸ 麵團可拉出均勻薄膜、筋度彈性。

○基本發酵、翻麵排氣

❹ 整合麵團成圓球狀，放入容器中，用保鮮膜覆蓋，基本發酵45分鐘。

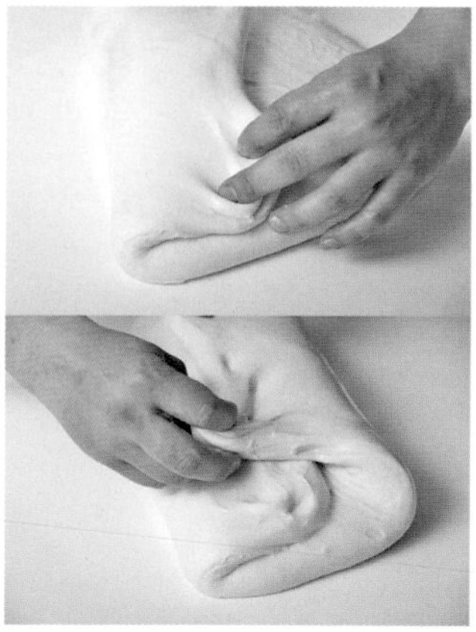

❺ 輕拍壓整體麵團，從左側朝中間折1/3，輕拍壓，再從右側朝中間折1/3，輕拍壓。

❻ 由內側朝外折1/3，輕拍壓，再向外折1/3將麵團折疊，繼續發酵45分鐘。

○分割、中間發酵

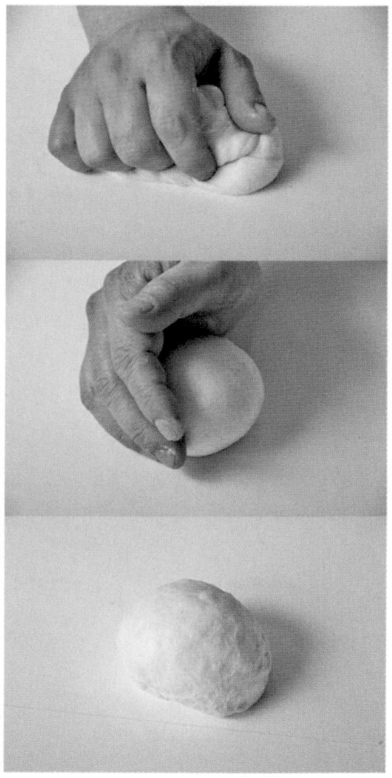

❼ 分割麵團成100g，輕拍稍平整，由內側往外側捲折，收合於底。稍滾動整理麵團成圓球狀，讓表面變得飽滿，中間發酵25分鐘。

○整型、最後發酵

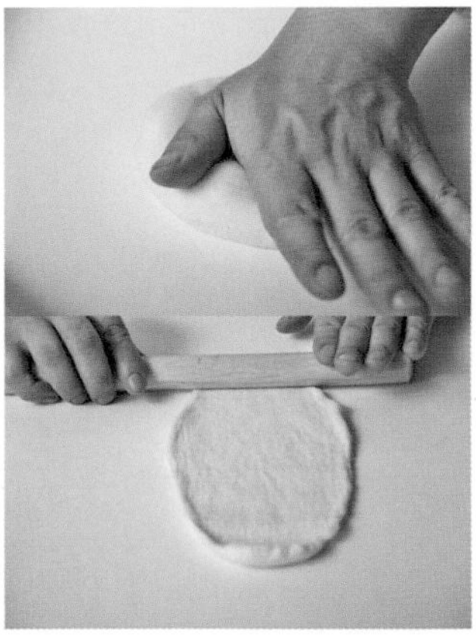

⑧ 用手掌輕拍麵團排出氣體，擀壓成長片狀、平順光滑面朝下。

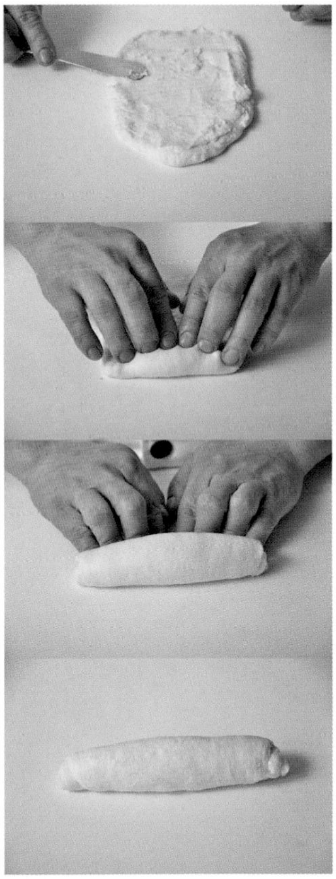

⑨ 用抹刀在麵皮抹上乳酪奶昔餡（30g），從前側朝中間捲起到底，捏緊收合，整型成長條狀。

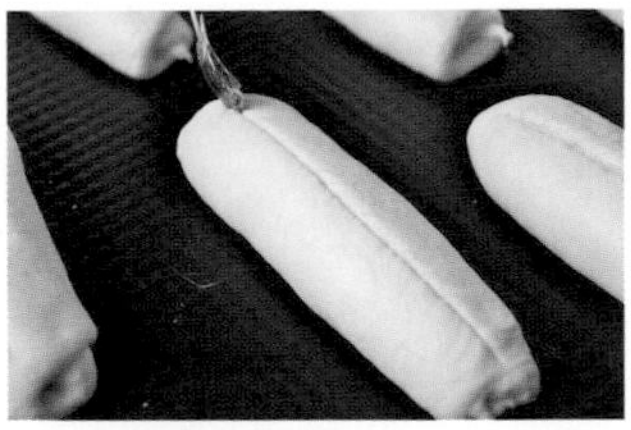

⑩ 等間距的整齊放置烤盤中，最後發酵90分鐘。用割紋刀在表面切劃直線刀口。

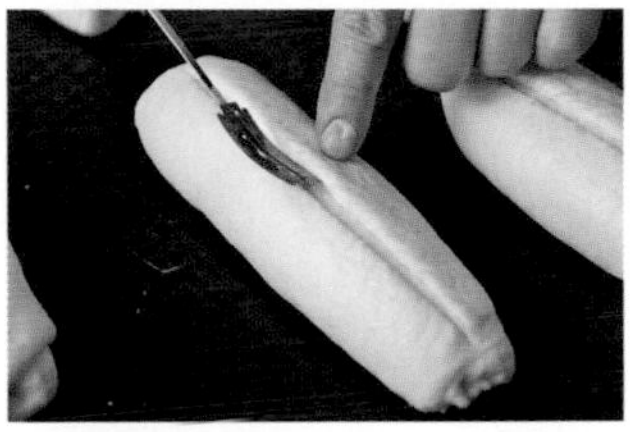

⑪ 再將割紋刀向左傾切劃一刀。

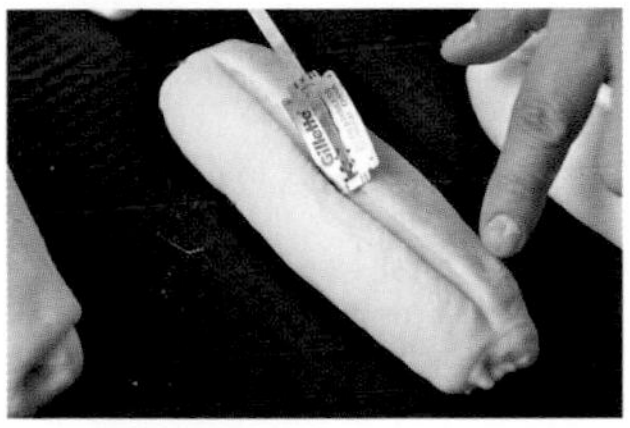

⑫ 向右傾切劃一刀。

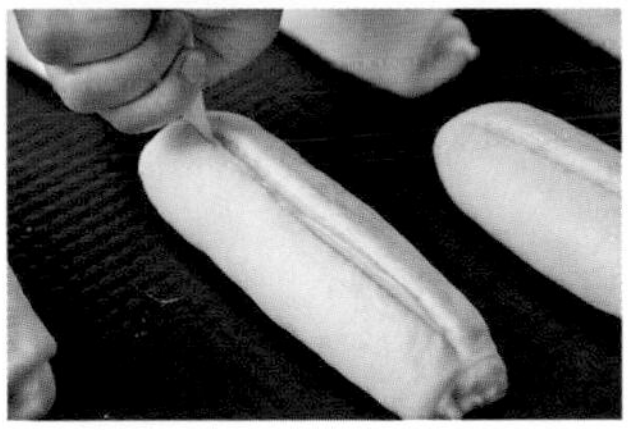

⑬ 在刀口處擠入少許奶油（份量外）。

○烘烤

⑭ 放入烤箱，用上火210℃／下火180℃，烘烤12分鐘。出爐，連烤盤重敲震出空氣，擠入糖霜餡，篩灑上糖粉，回烤約30秒乾燥糖霜餡即可。

糖霜製作。將奶油、糖粉攪拌混合均勻即可。

BROWN SUGAR MOCHI BREAD

沖繩黑糖麻吉

麵團
直接法

模型
--

份量
約10個

保存
常溫2天
冷凍7天

Ingredients

〔麵團〕

高筋麵粉 500g
細砂糖 25g
鹽 9g
奶粉 5g
無鹽奶油 25g
星野生種（P194）.. 25g
星野蜂蜜種（P195）
.... 250g
水 240g

〔內餡〕

黑糖麻糬 200g

〔黑糖霜〕

無鹽奶油 100g
黑糖粉 100g

〔表面用〕

糖粉 .... 適量

商品的重點

「沖繩黑糖麻吉」這款和風麵包，是以鬆軟輕盈帶有酒種清香的日式麵團，搭配黑糖口味的內餡、用料為主帶出整體感。為了襯托出黑糖麻糬的香甜風味口感，表層還以黑糖霜來突顯整體的風味口感。

Step by Step

黑糖霜

❶ 將奶油、黑糖粉攪拌均勻。

製作麵團

❷ 麵團製作參見P154-157「北海道乳酪奶昔」作法2-6完成製作。

❸ 分割麵團成100g，輕拍稍平整，由內側往外側捲折，收合於底。稍滾動整理麵團成圓球狀，讓表面變得飽滿，中間發酵25分鐘。

整型、最後發酵

❹ 用手掌輕拍麵團排出氣體，擀壓成長片狀、平順光滑面朝下。

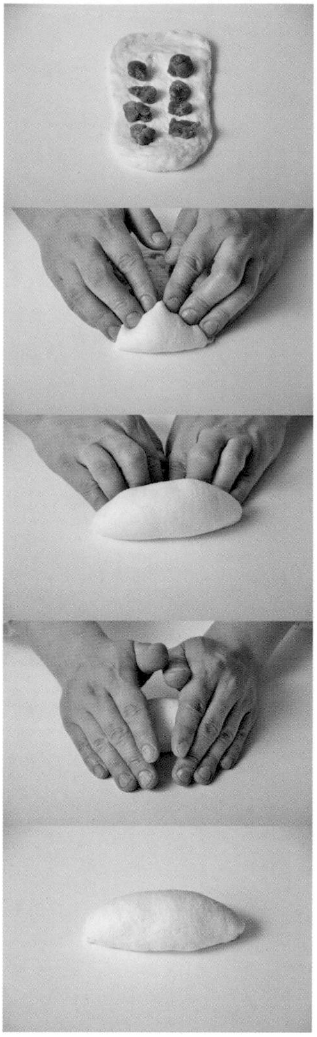

❺ 在表面放入黑糖麻糬（20g），從前側朝中間捲起到底，收合，輕輕搓揉兩端整型成橢圓球狀。

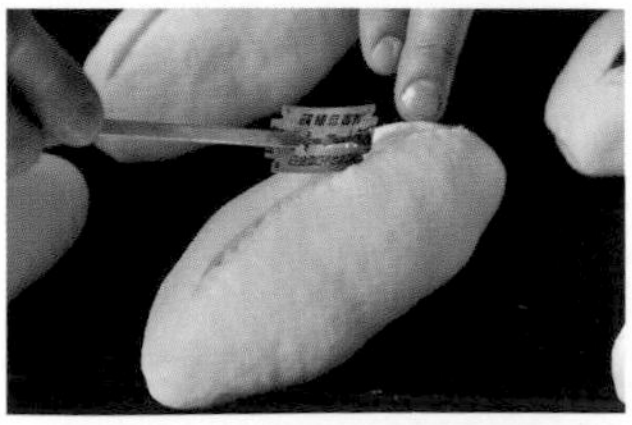

❻ 等間距的整齊放置烤盤中，最後發酵90分鐘。用割紋刀在表面切劃直線刀口

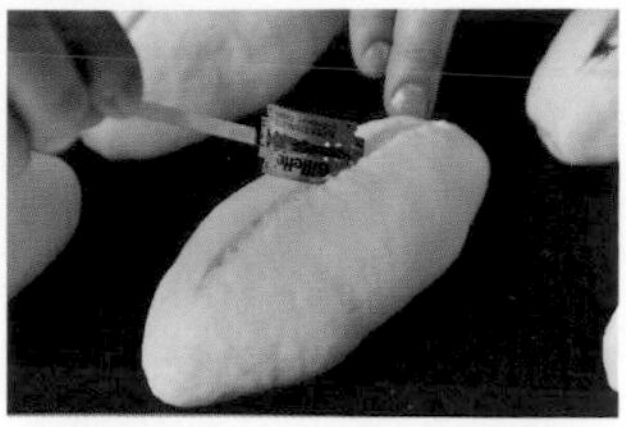

❼ 再將割紋刀向左傾切劃一刀。

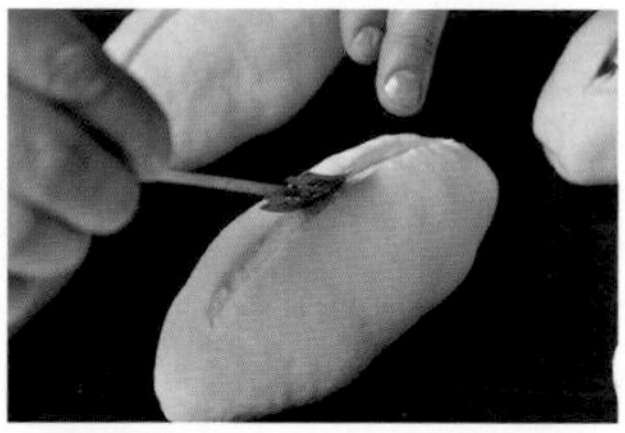

❽ 向右傾切劃一刀。

❾ 在刀口處擠入少許奶油（份量外）。

烘烤

❿ 放入烤箱，用上火210℃／下火180℃，烘烤12分鐘。出爐，連烤盤重敲震出空氣，擠入黑糖霜餡，篩灑上糖粉，回烤約30秒乾燥黑糖霜餡即可。

JAPANESE CHEESE BREAD / 天使之翅

JAPANESE CHEESE BREAD

天使之翅

麵團

中種法
甜麵團

模型

圓形
模框

份量

約21個

保存

常溫
當天

Ingredients

〔中種〕

高筋麵粉............350g
全蛋......................75g
鮮奶....................100g
高糖乾酵母............4g
水..........................50g

〔主麵團〕

高筋麵粉............150g
細砂糖................100g
鹽............................5g
奶粉......................15g
水........................110g
魯邦種（P80）.......50g
高糖乾酵母............1g
無鹽奶油..............50g

〔內餡〕

香根蘿蔔餡（市售）
............................630g

〔表面用〕

乳酪絲................420g
海苔粉................適量

商品的重點

○ 此款麵包的最大特色在，炙燒融化成形的乳酪底層。藉由鋪底的乳酪絲烘烤至焦香，帶出卡嗞卡嗞酥脆的口感，搭配餡料飽滿的麵包體，可品嘗到酥脆、濕潤口獨特感。

○ 乳酪絲容易上色烤焦，為了避免過於焦黑味道變苦，底部的烤溫要特別注意。

Step by Step

○製作麵團

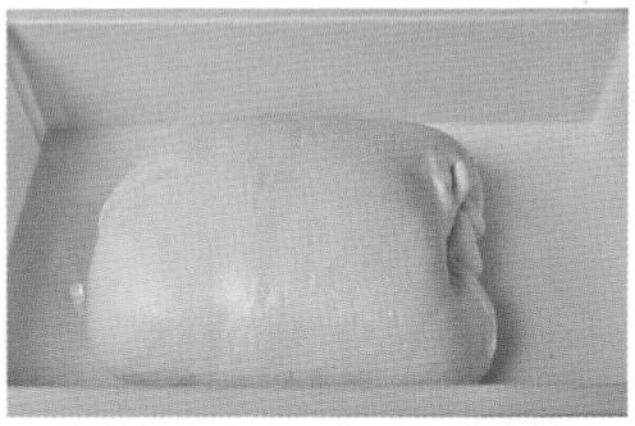

❶ 麵團製作參見P24-25「基本甜麵團」作法1-10完成製作。

❷ 分割麵團成50g，輕拍稍平整，由內側往外側捲折，收合於底。稍滾動整理麵團成圓球狀，讓表面變得飽滿，中間發酵25分鐘。

○整型、最後發酵

❸ 圓形模框（直徑約10cm）擺放烤盤上，鋪放入乳酪絲（約20g）塑型成圓形狀。

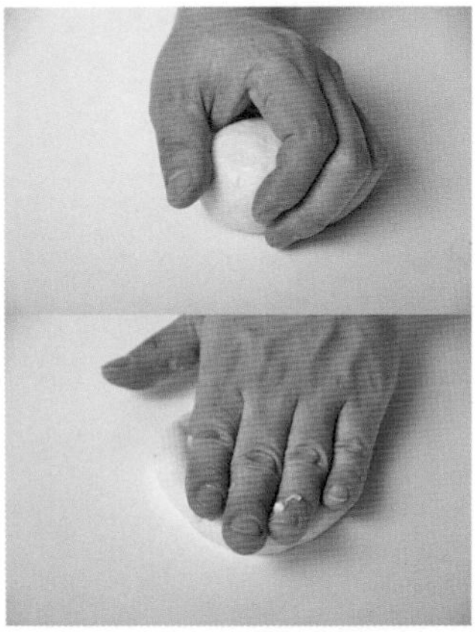

❹ 將麵團稍滾圓，用手掌輕拍麵團排出氣體、平順光滑面朝下。

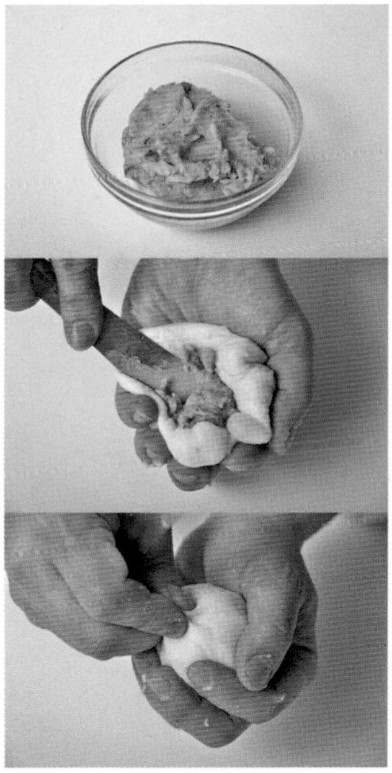

❺ 用抹餡匙在麵團表面按壓抹入香根蘿蔔餡（30g），沿著麵皮朝中間捏合包覆餡料，收合，整型成圓球狀。

❻ 用手掌按壓成圓扁狀，收合口朝下放置已鋪放乳酪絲的烤盤中，讓底部沾裹乳酪絲，最後發酵60分鐘。

> 包餡整型時確實的讓餡料處於中心處，底部收口確實的捏緊，能避免烘烤受熱時爆餡情形。

○烘烤

❼ 放入烤箱，用上火220℃／下火170℃，烘烤12分鐘。出爐，連烤盤重敲震出空氣。翻面將底部朝上，灑上海苔粉即可。

CURRY BREAD
紅酒咖哩麵包

麵團
中種法
甜麵團

模型
--

份量
約21個

保存
常溫
當天

Ingredients

〔中種〕

高筋麵粉 350g
全蛋 75g
鮮奶 100g
高糖乾酵母 4g
水 50g

〔主麵團〕

高筋麵粉 150g
細砂糖 100g
鹽 5g
奶粉 15g
水 110g
魯邦種（P80） 50g
高糖乾酵母 1g
無鹽奶油 50g

〔紅酒咖哩餡〕

橄欖油 40g
洋蔥碎 150g
紅蘿蔔丁 45
馬鈴薯泥 50g
豬絞肉 250g
咖哩粉 17.5g
咖哩塊（佛蒙特／中辣）
.... 1塊
紅酒 60g
水 120g
白胡椒粉 0.5g
鹽 1.2g

〔內餡、表面用〕

乳酪絲 .... 適量
麵包粉（烤過） .... 適量
海苔粉 .... 適量

商品的重點

○ 麵包裡頭填滿了特製咖哩餡料，微辣辛香的內餡與外表炸（或烤）得酥脆、內裡柔軟的麵包體，交織出平衡的美味。
○ 內餡使用的咖哩要熬煮得濃稠適中，收汁太稀的咖哩餡，在包覆麵團時會不好操作，相反地，收汁太濃稠，烘烤後的濕潤度則會不足。
○ 中日美味結合！以基本的甜麵團，結合日式咖哩的製作，改用烘烤的方式來取代傳統的油炸作法，不同油炸的另一種美味。

Step by Step

○紅酒咖哩餡

❶鍋中倒入橄欖油，放入洋蔥碎炒至軟熟透明，加入紅蘿蔔丁拌炒香，再加入豬絞肉炒至肉色變白至熟，淋入紅酒、水，以及白胡椒、鹽拌炒勻。

⬇

❷加入馬鈴薯泥拌勻後，離火，加入咖哩粉、咖哩塊。

❸拌炒均勻。

要在離火時，再加入咖哩粉、咖哩塊調味拌勻，否則容易有結粒的情形。

❹再蓋上鍋蓋燜煮約2-3分鐘至收汁變濃稠，用小火煮至入味濃稠，用鍋鏟推開可見鍋底濃稠的流性的狀態。

⬇

○攪拌麵團

❺麵團製作參見P24-25「基本甜麵團」作法1-10完成製作。

❻分割麵團成50g，輕拍稍平整，由內側往外側捲折，收合於底。稍滾動整理麵團成圓球狀，讓表面變得飽滿，中間發酵25分鐘。

⬇

○整型、最後發酵

❼將麵包粉平均鋪放烤盤，用上下火150℃烘烤約8-10分鐘至金黃。

橢圓款

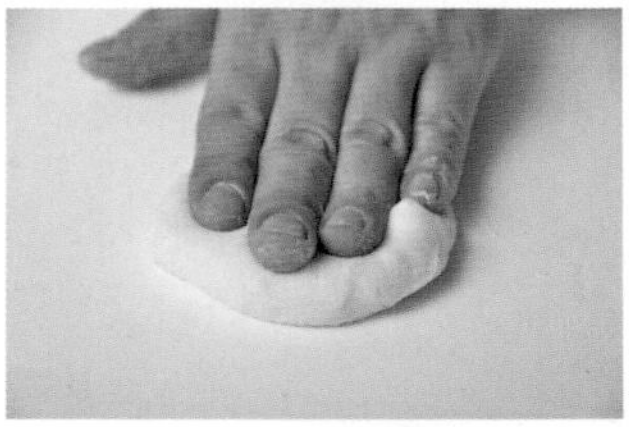

❽將麵團用手掌輕拍麵團排出氣體、平順光滑面朝下。

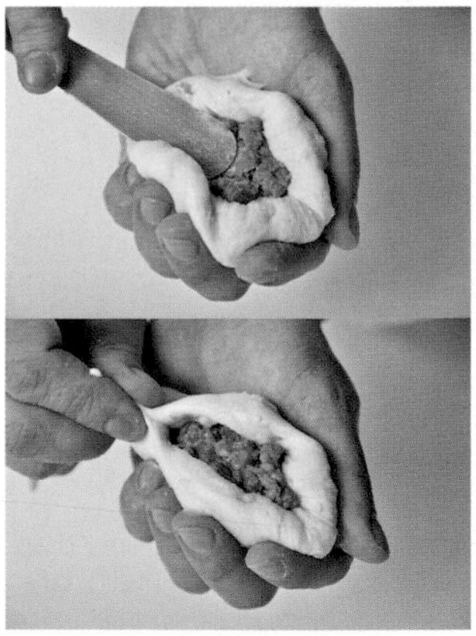

❾用抹餡匙在麵團表面按壓抹入紅酒咖哩餡（30g），如同包餃子般，沿著麵皮將兩側朝中間捏合包覆餡料。

⑩收合，整型成半月形。

若沒有確實捏緊，發酵後或烘烤、油炸時內餡的油脂會從接口處溢出。

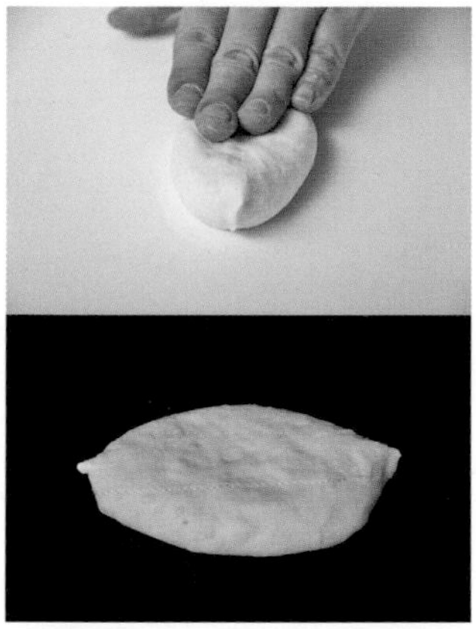

⑪收合口朝底，用手掌按壓扁，表面噴上水霧。

⑫將兩面均勻沾裹上已烤到上色金黃的麵包粉，整齊放置烤盤中，最後發酵60分鐘。

圓形款

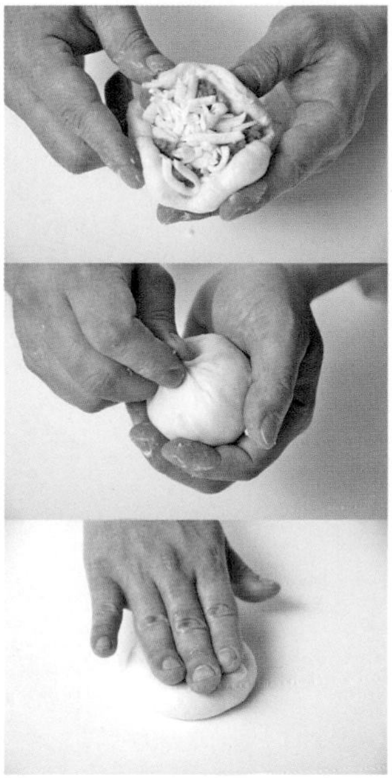

⑬依法在麵團表面抹入紅酒咖哩餡（30g）、乳酪絲（10g），沿著麵皮朝中間捏合包覆餡料，收合，整型成圓球狀，按壓扁，噴上水霧。

⑭將兩面均勻沾裹上已烤到上色金黃的麵包粉，整齊放置烤盤中，最後發酵60分鐘。

○烘烤

橢圓款

圓形款

⑮放入烤箱，用上火220℃／下火170℃，烘烤12分鐘。出爐，連烤盤重敲震出空氣。灑上海苔粉即可。

也可以用油炸的方式，用175℃熱油炸油2-3分鐘至色澤均勻至熟（過程中需要不斷地翻面）。

JAPANESE STYLE SOFT BREAD

枝豆白燒麵包

麵團
直接法

模型
--

份量
約25個

保存
常溫2天
冷凍7天

Ingredients

〔麵團〕

高筋麵粉............500g
鹽............................8g
細砂糖..................25g
低糖乾酵母............5g
煉乳......................25g
水........................325g
枝豆......................80g
無鹽奶油.............40g

〔內餡〕

馬鈴薯乳酪餡....375g
黑胡椒粉...........適量

〔表面用〕

米玉粉...............適量

商品的重點

○ 日本麵包店常見的白燒麵包系列。麵團裡摻著枝豆（毛豆），內裡包覆馬鈴薯乳酪餡，以低溫烘烤呈現白色，在琳瑯滿目的麵包裡，能有著不同的色澤去搭配，更顯得秀色可餐。
○ 麵包體表面不能帶烤色，因此低溫烤焙是重點，而因麵團本身柔軟，若發酵過頭很容易造成腰身有皺痕，會破壞外觀，要特別注意。

Step by Step

○馬鈴薯乳酪餡

❶ 馬鈴薯乳酪餡加入黑胡椒粉混合拌勻使用。

○攪拌麵團

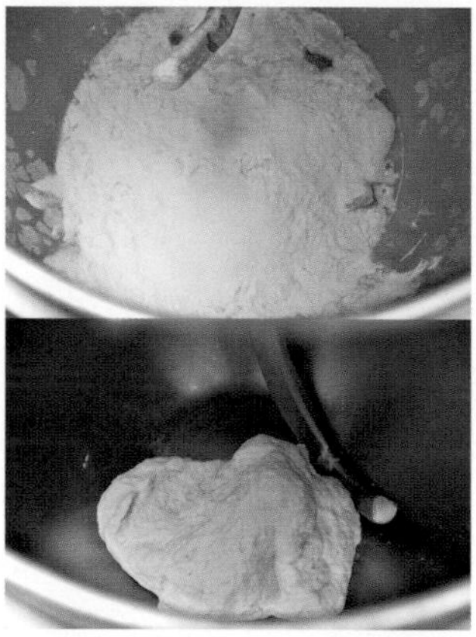

❷ 將高筋麵粉、細砂糖、鹽、煉乳、水用→低速攪拌2分鐘均勻成團。

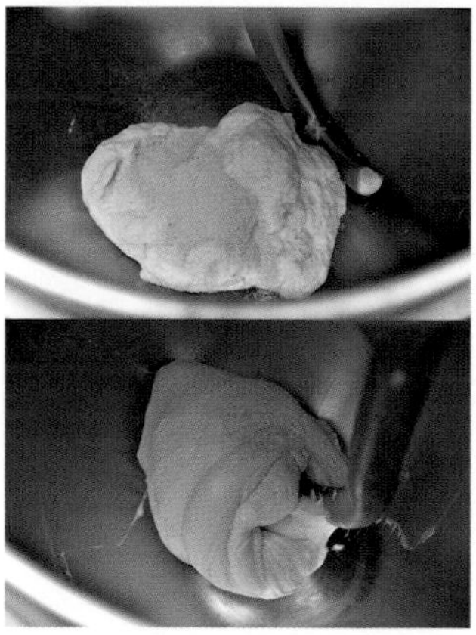

❸ 加入低糖乾酵母轉→中速攪拌3分鐘混勻。

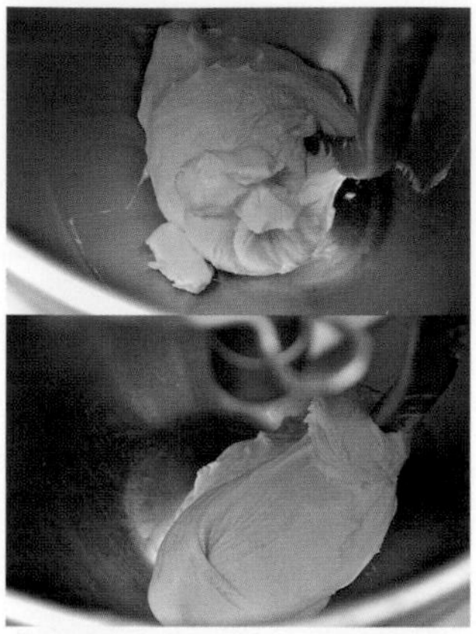

❹ 再加入奶油轉→低速攪拌2分鐘。

麵團攪拌完成的狀態

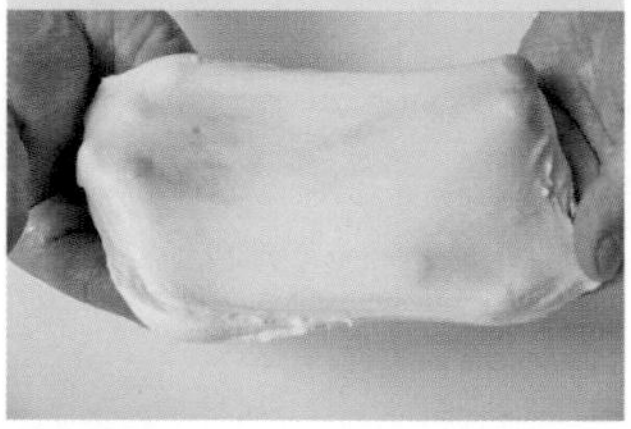

❺ 麵團可拉出均勻薄膜、筋度彈性。

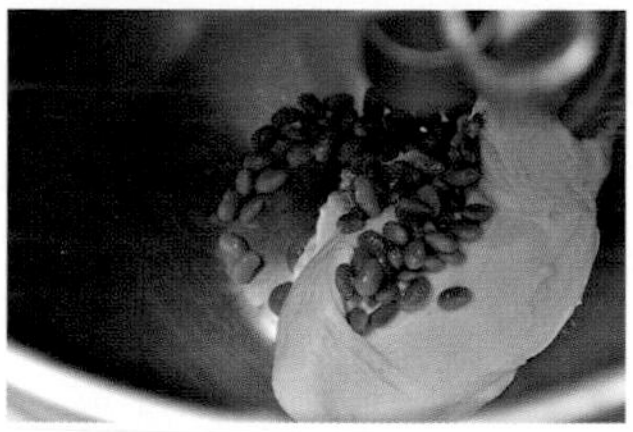

❻ 最後加入枝豆攪拌混勻（終溫26℃）。

❼ 分切麵團、上下重疊，再對切、重疊放置，依法重複切拌混合至均勻。

○基本發酵、翻麵排氣

❽ 整合麵團成圓球狀，放入容器中，用保鮮膜覆蓋，基本發酵30分鐘。

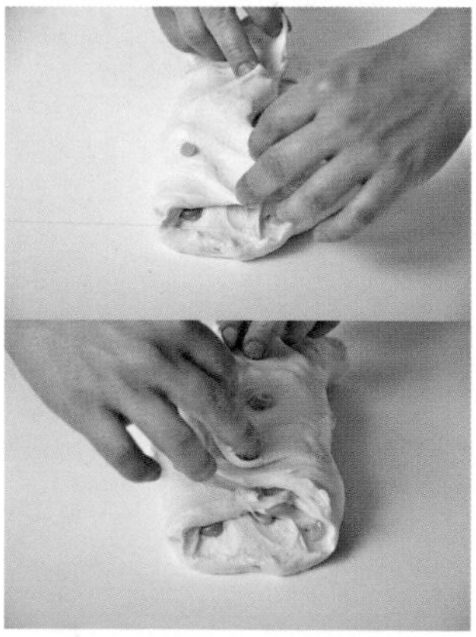

❾ 輕拍壓整體麵團，從左側朝中間折1/3，輕拍壓，再從右側朝中間折1/3，輕拍壓。

⑩ 由內側朝外折1/3，輕拍壓，再向外折1/3將麵團折疊，繼續發酵30分鐘。

⬇

○分割、中間發酵

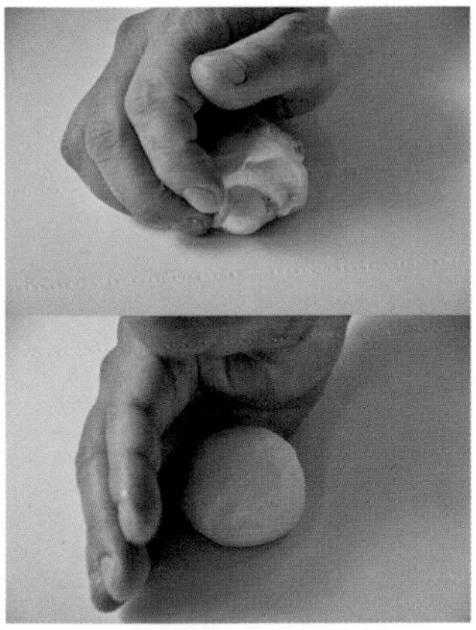

⑪ 分割麵團成40g，輕拍稍平整，由內側往外側捲折，收合於底。

⑫ 稍滾動整理麵團成圓球狀，讓表面變得飽滿，中間發酵25分鐘。

⬇

○整型、最後發酵

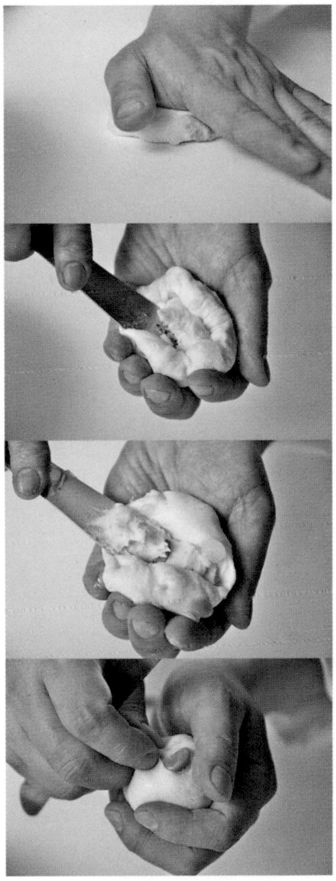

⑬ 用手掌輕拍麵團排出氣體、平順光滑面朝下，在表面抹上馬鈴薯乳酪餡（15g），將四周麵皮朝中間捏合包覆住餡料，捏緊收合，整型成圓球狀。

⑭ 表面沾裹玉米粉，等間距的整齊放置烤盤中，最後發酵約60分鐘。

⬇

○烘烤

⑮ 放入烤箱，用上火140℃／下火180℃，入爐後開蒸氣3秒，烘烤10分鐘。出爐，連烤盤重敲震出空氣，放涼。

GARLIC BUTTER SOFT BREAD

香蒜軟法

麵團
直接法

模型
--

份量
約8個

保存
常溫2天
冷凍7天

Ingredients

〔麵團〕

法國粉	500g
細砂糖	10g
鹽	10g
無鹽奶油	10g
水	330g
低糖乾酵母	5g

〔香蒜餡〕

無鹽奶油	625g
蒜泥	75g
巴西里	18g
鹽	4g
細砂糖	2g

商品的重點

○ 香蒜醬為香蒜軟法的靈魂，大蒜加上奶油依比例調製，具有強烈蒜的風味外，還多了柔和的奶油香，鹹香的風味，在傳統麵包中佔有一席之地。香蒜醬塗抹的用量適中就好，太多會有油膩感，太少香氣也會不足。

○ 用直接法來呈現麵團原有的風味，柔軟保濕的麵包口感有別於硬式法國，抹上特製的香蒜餡烘烤到表面金黃香酥，人氣不敗的經典款。

Step by Step

◯香蒜餡

❶ 巴西里切細碎，加入蒜泥、奶油與鹽、砂糖充分攪拌混合均勻。

⬇

◯攪拌麵團

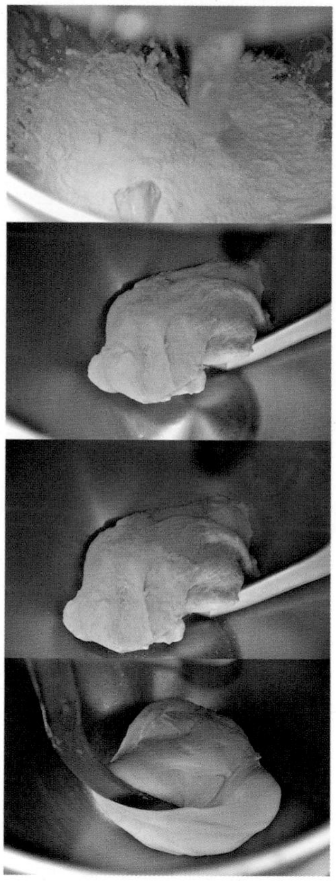

❷ 將法國粉、砂糖、鹽、奶油、水→低速攪拌2分鐘均勻成團後，加入低糖乾酵母→中速攪拌5分鐘混勻（終溫26℃）。

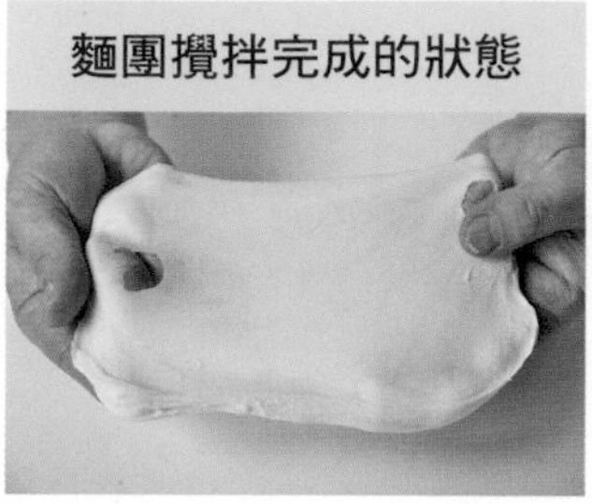

❸ 麵團可拉出均勻薄膜、筋度彈性。

⬇

◯基本發酵、翻麵排氣

❹ 整合麵團成圓球狀，放入容器中，用保鮮膜覆蓋，基本發酵30分鐘。

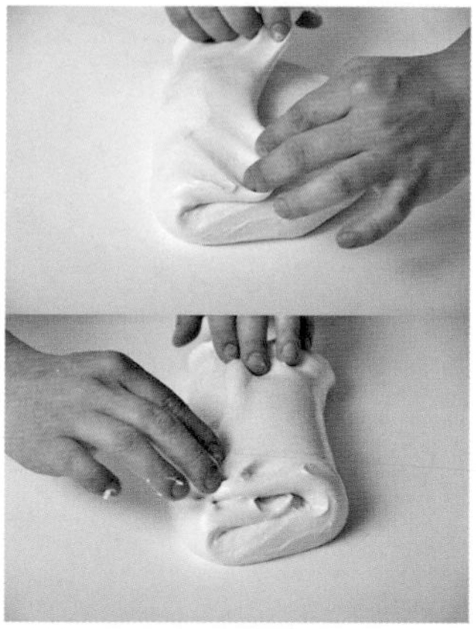

❺ 輕拍壓整體麵團，從左側朝中間折1/3，輕拍壓，再從右側朝中間折1/3，輕拍壓。

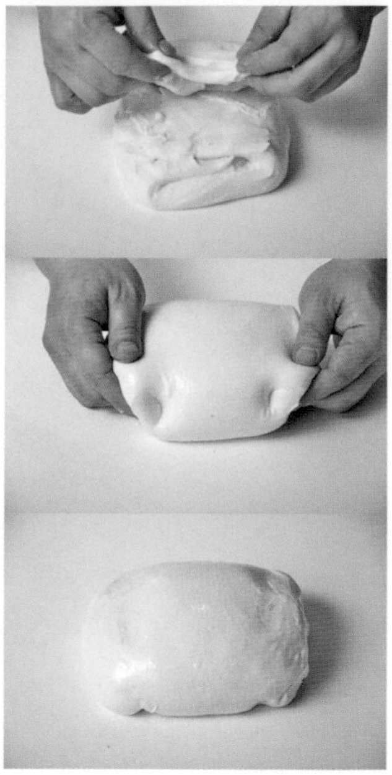

❻ 由內側朝外折1/3，輕拍壓，再向外折1/3將麵團折疊，繼續發酵30分鐘。

⬇

◯分割、中間發酵

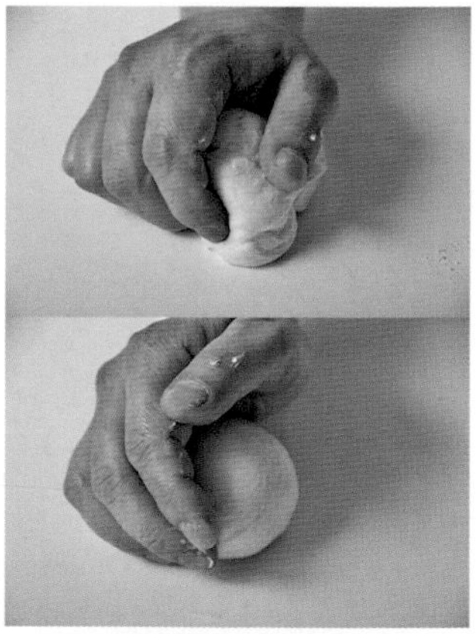

❼ 分割麵團成100g，輕拍稍平整，由內側往外側捲折，收合於底。稍滾動整理麵團成圓球狀。

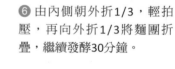

整型、最後發酵

⑧ 讓表面變得飽滿，中間發酵25分鐘。

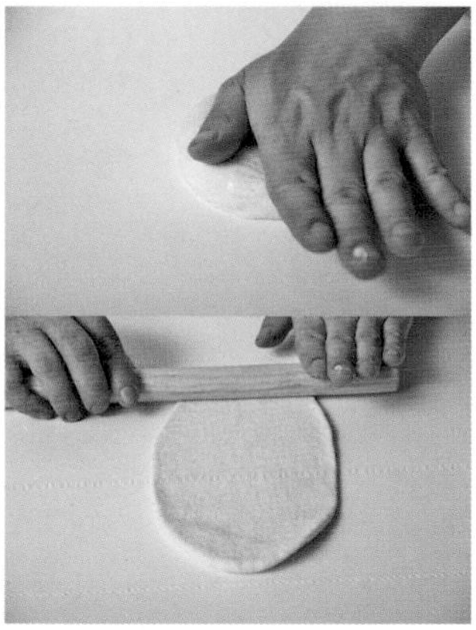

⑨ 用手掌輕拍麵團排出氣體，擀壓成橢圓片、平順光滑面朝下。

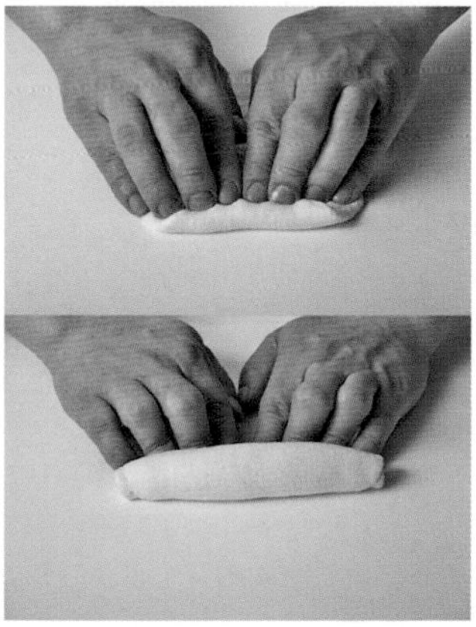

⑩ 從外側捲折起。

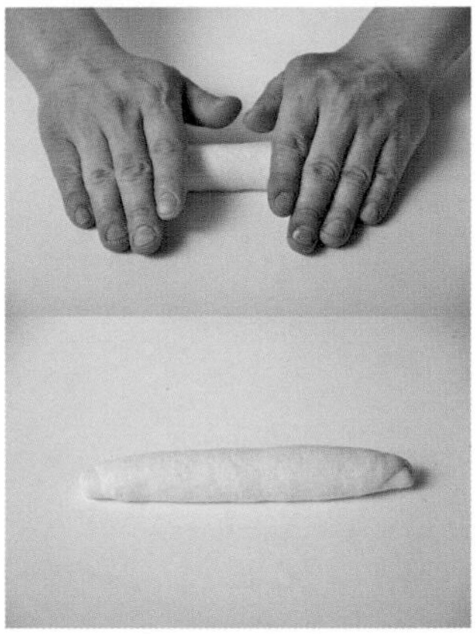

⑪ 用手指按壓密合，收合於底，稍搓揉均勻整型成細長狀。

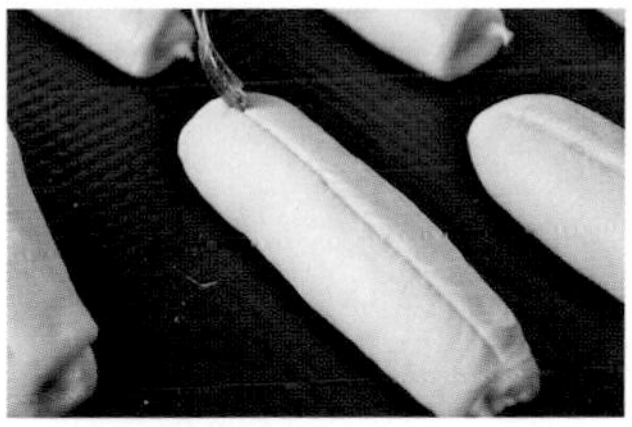

⑫ 等間距的整齊放置烤盤中，最後發酵50分鐘。用割紋刀在表面切劃直線刀口。

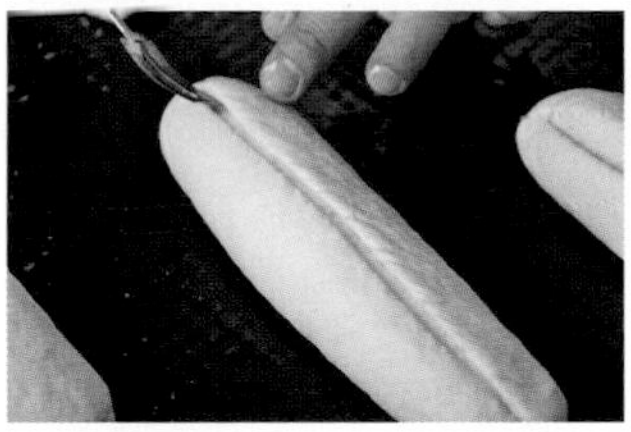

⑬ 再將割紋刀向左傾切劃一刀。

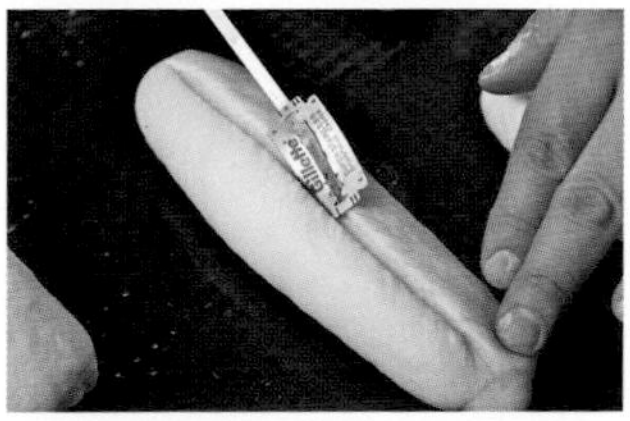

⑭ 向右傾切劃一刀。

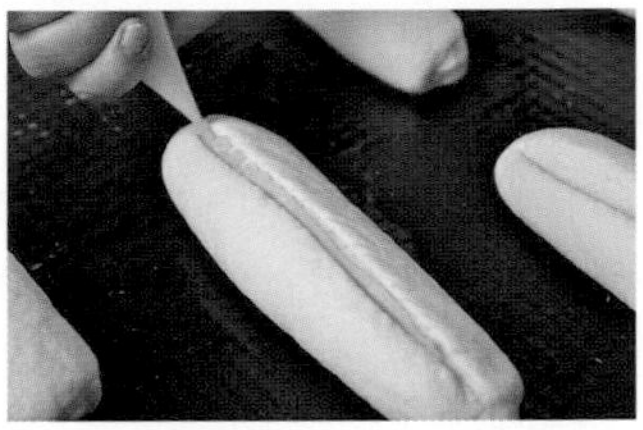

⑮ 在刀口處擠入少許奶油（份量外）。

烘烤

⑯ 放入烤箱，用上火220℃／下火190℃，烘烤10分鐘。出爐，連烤盤重敲震出空氣，放涼。

⑰ 在刀口處塗刷上香蒜餡，再回烤30秒左右。

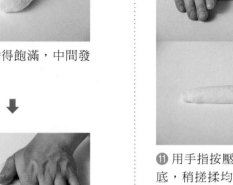

WALNUTS RAISIN BREAD

歐克麵包

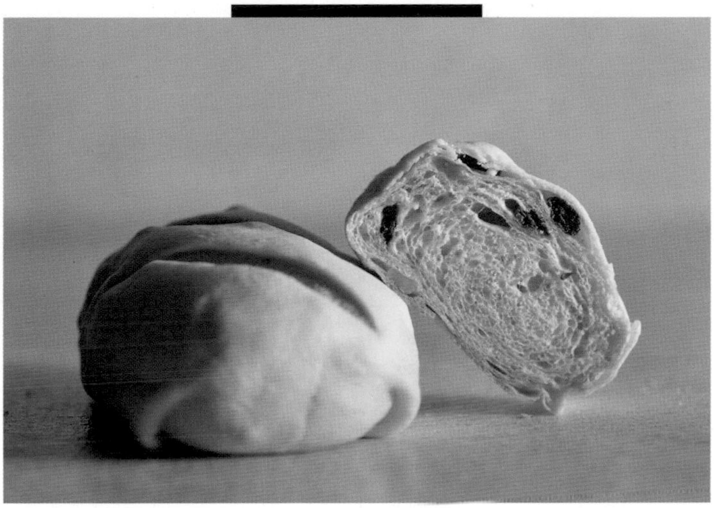

麵團
直接法

模型
--

份量
約13個

保存
常溫2天
冷凍7天

Ingredients

〔麵團〕

Ⓐ 高筋麵粉.......450g
低筋麵粉.........50g
細砂糖.............60g
鹽......................6g
奶粉................10g
高糖乾酵母.......6g
水..................330g

Ⓑ 無鹽奶油.........50g
核桃..............120g
葡萄乾...........150g

〔歐克皮〕

高筋麵粉............150g
低筋麵粉............100g
細砂糖..................20g
鹽........................2.5g
水........................100g
無鹽奶油............100g

商品的重點

○ 添加較高比例堅果的麵團，因此在配方上添加少許低筋麵粉，是要讓麵團口感不過於紮實，能有較鬆的口感，外皮再包覆一層麵皮可以保護住堅果避免烤焦。

○ 堅果混入麵團時盡可能攪拌均勻就好，過度攪拌會破壞麵筋，膨脹性就會變差。由於上皮不需要上色，烤焙時上火要用低溫。

Step by Step

歐克皮

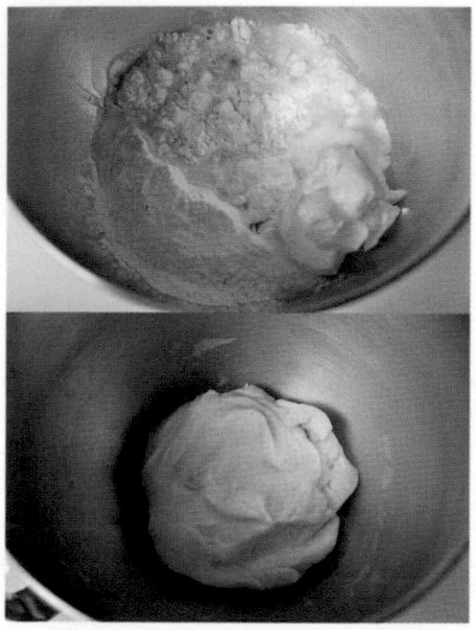

❶ 將所有材料→低速攪拌2分鐘均勻成團後轉→中速攪拌4分鐘成光滑麵團（終溫26℃）。

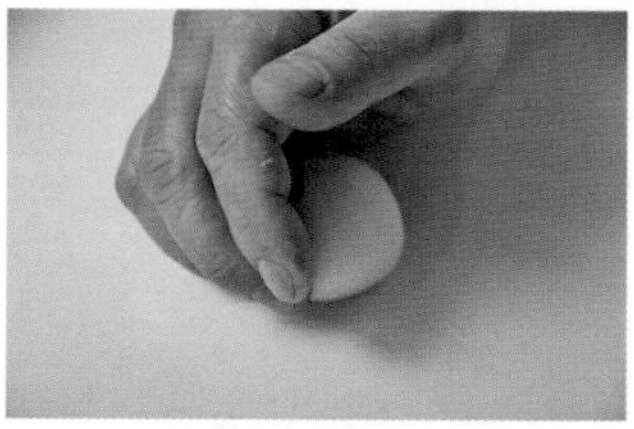

❷ 將歐克麵團稍鬆弛，分割成35g，滾圓。

攪拌麵團

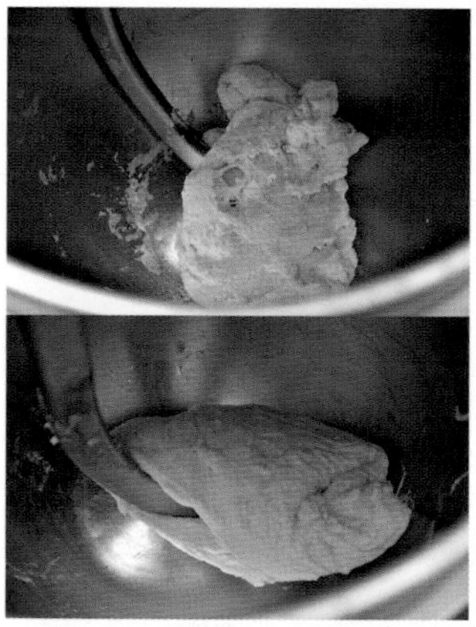

❸ 將材料Ⓐ（酵母除外）→低速攪拌2分鐘均勻成團後，加入高糖乾酵母→中速攪拌3分鐘混勻。

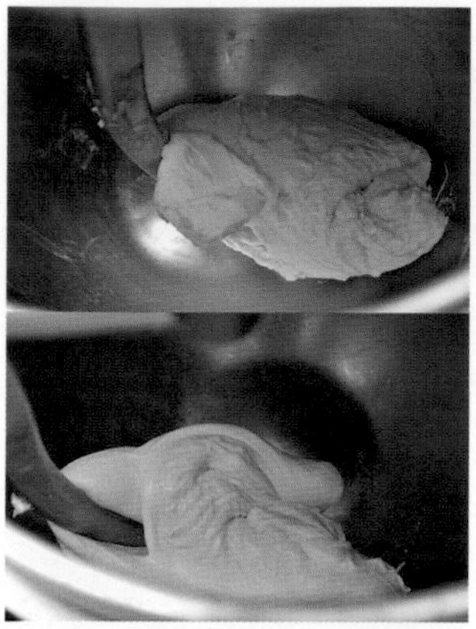

❹ 加入奶油轉→低速攪拌2分鐘（終溫26℃）。

9分筋

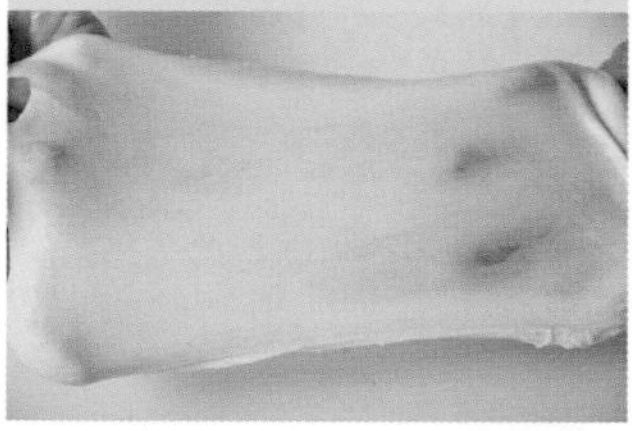

❺ 麵團攪拌完成的狀態。麵團可拉出均勻薄膜、筋度彈性。

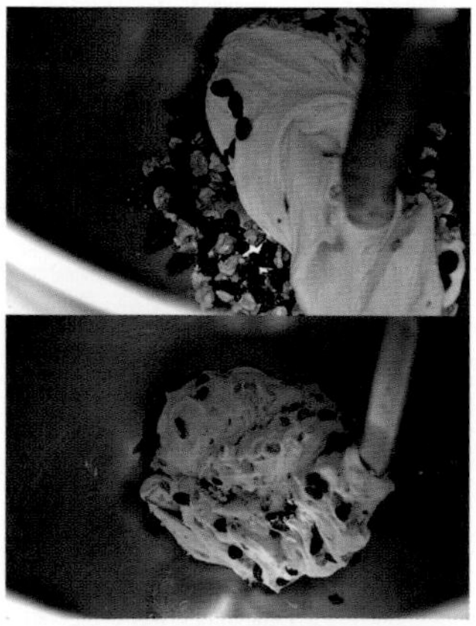

❻ 最後加入核桃、葡萄乾轉→中速攪拌1分鐘。

❼ 分切麵團、上下重疊，再對切、重疊放置，依法重複切拌混合至均勻。

基本發酵、翻麵排氣

❽ 整合麵團成圓球狀，放入容器中，用保鮮膜覆蓋，基本發酵30分鐘。

❾ 輕拍壓整體麵團，從左側朝中間折1/3，輕拍壓，再從右側朝中間折1/3，輕拍壓。

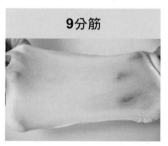

⑩ 由內側朝外折1/3，輕拍壓，再向外折1/3將麵團折疊，繼續發酵30分鐘。

⬇

○分割、中間發酵

⑪ 分割麵團成85g，輕拍稍平整，由內側往外側捲折，收合於底。稍滾動整理麵團成圓球狀，讓表面變得飽滿，中間發酵30分鐘。

⬇

○整型、最後發酵

⑫ 用手掌輕拍麵團排出氣體，擀壓成橢圓片、平順光滑面朝下，底部稍延壓開幫助黏合。

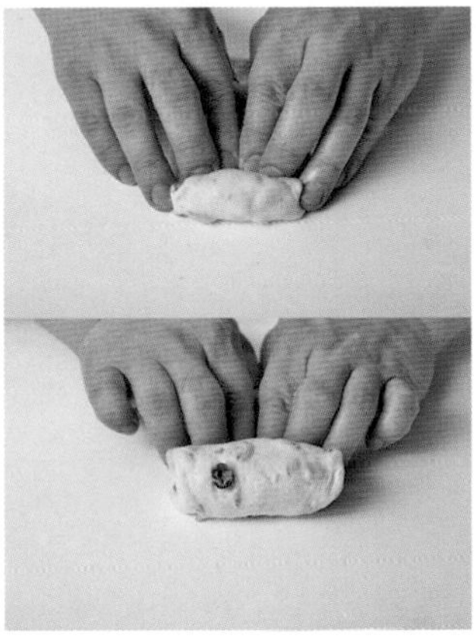

⑬ 從外側捲折起，用手指按壓密合，收合於底，輕輕滾動整成橢圓狀。

⑭ 將歐克麵團按壓扁後擀壓成橢圓片狀。

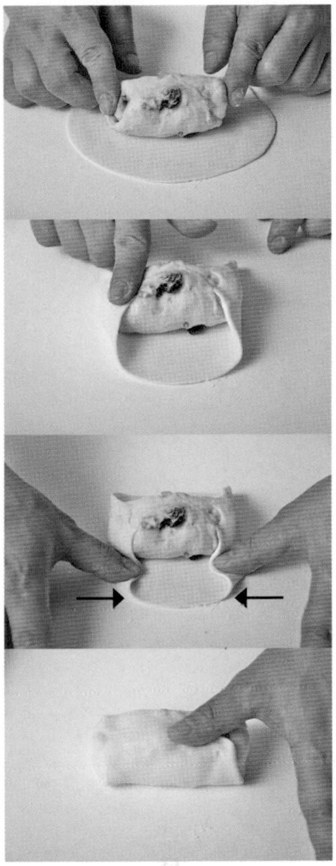

⑮ 將作法⑬放置在歐克麵皮上，再將麵皮四周朝中間包覆住麵團，整型成長方塊。

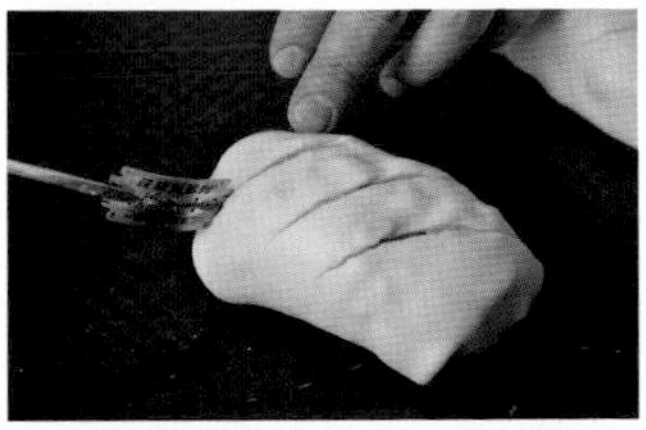

⑯ 用割紋刀在表面切劃3刀口。等間距的整齊放置烤盤中，最後發酵60分鐘

⬇

○烘烤

⑰ 放入烤箱，用上火170℃／下火200℃，入爐後開蒸氣3秒，烘烤12分鐘。出爐，連烤盤重敲震出空氣，放涼。

CAFFE MOCHA BREAD
摩卡巧克力

麵團
液種法

模型
--

份量
約10個

保存
常溫2天
冷凍7天

Ingredients

〔液種〕

高筋麵粉 300g
水.........................300g
高糖乾酵母 1g

〔主麵團〕

Ⓐ 高筋麵粉.......700g
細砂糖...........100g
黑糖 50g
鹽 20g
咖啡粉............15g
高糖乾酵母.....11g
水 280g
湯種（P188）..100g

Ⓑ 無鹽奶油.........80g
Ⓒ 巧克力豆.......120g
核桃 120g

〔可可酥菠蘿〕

低筋麵粉 120g
可可粉 10g
細砂糖 50g
無鹽奶油 50g

商品的重點

○ 以Poolish製作，搭配湯種讓麵團更加地Q軟，有彈性；風味上以黑糖、咖啡粉作結合，黑糖在麵團中是作為提味使用，能讓咖啡風味更加濃郁深邃。
○ 液種是麵團發酵香氣的來源，以低溫長時發酵釀出特有風味。攪拌時要掌握麵筋形成，筋性太強或不足都會影響麵包組織，口感會不佳，或老化得快。

Step by Step

○可可酥菠蘿

❶ 奶油、細砂糖攪拌至糖融化，加入過篩可可粉、低筋麵粉混合拌勻成細粒狀，覆蓋保鮮膜，冷凍備用。

○液種

❷ 將水、高糖乾酵母攪拌溶化，加入高筋麵粉混合攪拌到無粉粒狀。

❸ 用保鮮膜覆蓋放置室溫（約30℃）發酵90分鐘，再冷藏發酵12-18小時。

發酵完成的狀態

❹ 表面中間呈凹陷狀態，液種發酵完成。

○主麵團攪拌

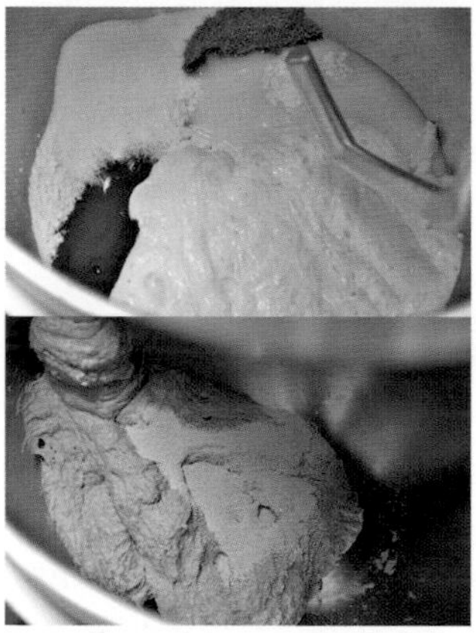

❺ 將液種與所有材料Ⓐ（酵母除外）→低速攪拌2分鐘均勻成團後，加入高糖乾酵母→中速攪拌3分鐘混勻。

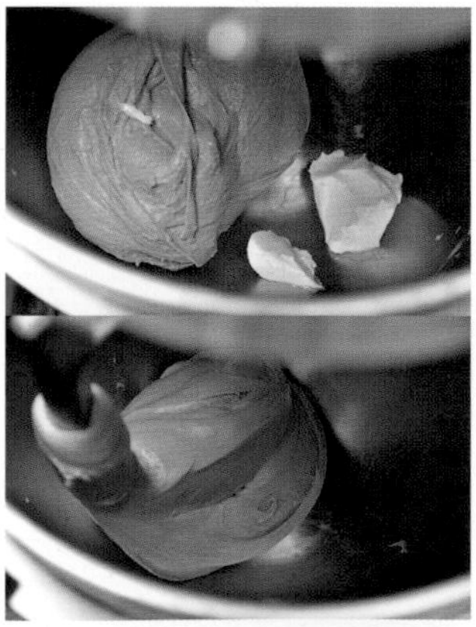

❻ 加入奶油轉→低速攪拌2分鐘。

9分筋

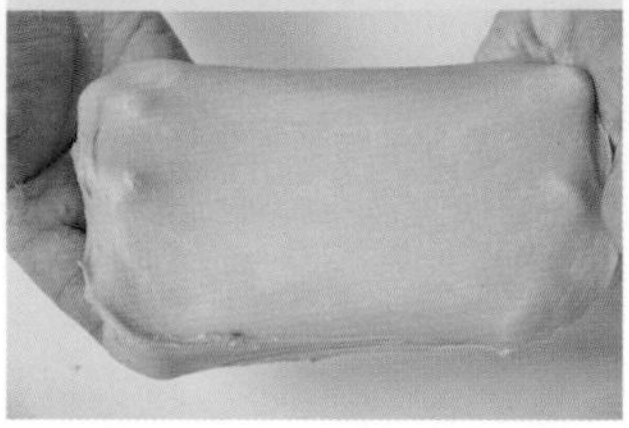

❼ 麵團攪拌完成的狀態。麵團可拉出均勻薄膜、筋度彈性。

❽ 最後加入巧克力豆、核桃轉→中速攪拌1分鐘（終溫26℃）。

❾ 分切麵團、上下重疊，再對切、重疊放置，依法重複切拌混合至均勻。

基本發酵、翻麵排氣

⑩ 整合麵團成圓球狀，放入容器中，用保鮮膜覆蓋，基本發酵30分鐘。

⑪ 輕拍壓整體麵團，分別從左側、右側朝中間折1/3，輕拍壓。再由內側朝外折1/3，輕拍壓，再向外折1/3將麵團折疊起來，繼續發酵約30分鐘。

分割、中間發酵

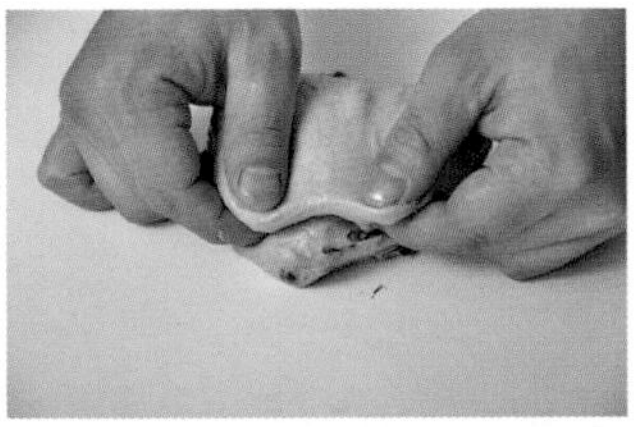

⑫ 分割麵團成200g，輕拍稍平整，由內側往外側捲折，收合於底。

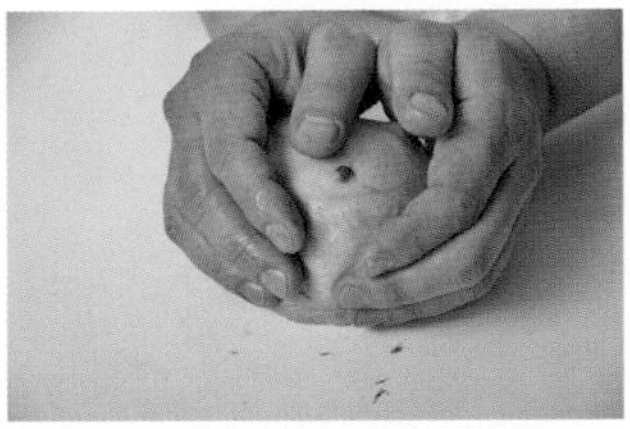

⑬ 稍滾動整理麵團成圓球狀，讓表面變得飽滿，中間發酵25分鐘。

整型、最後發酵

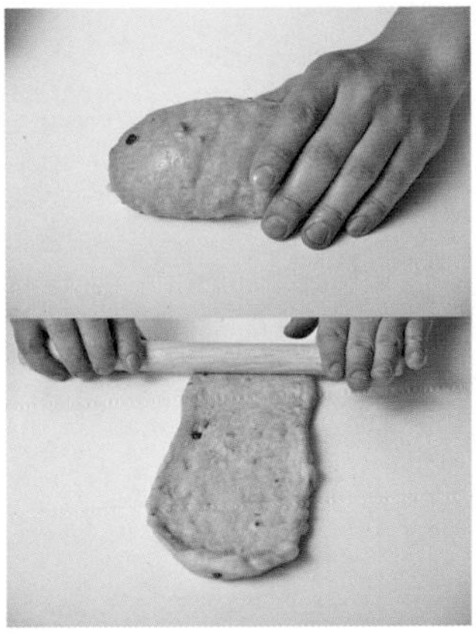

⑭ 用手掌輕拍麵團排出氣體，擀壓成橢圓片、平順光滑面朝下。

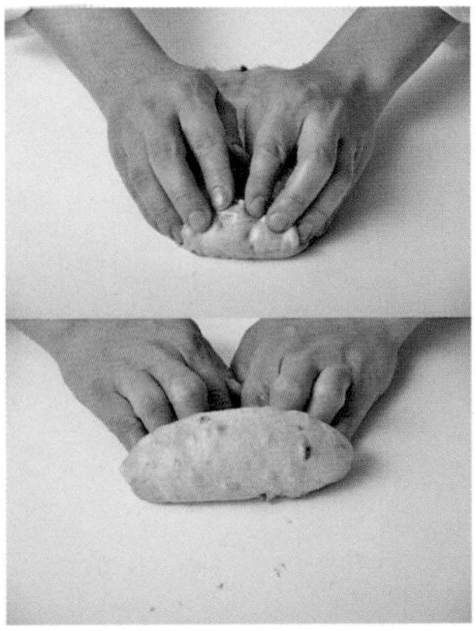

⑮ 從外側往內側折起，用手指按壓密合，收合於底。

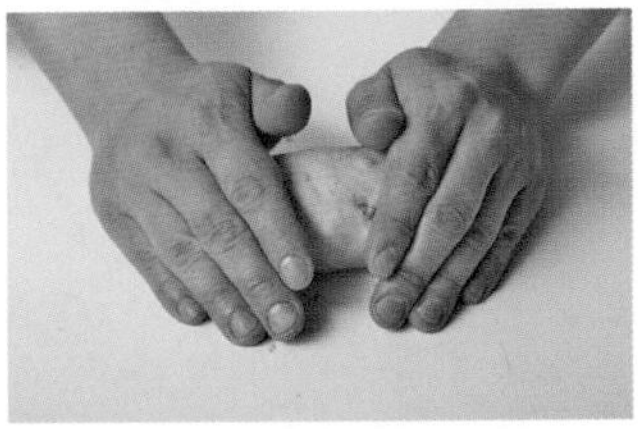

⑯ 滾動搓揉兩端整型成橢圓狀。

⑰ 表面噴上水霧，沾裹可可酥菠蘿。等間距的整齊放置烤盤中，最後發酵60分鐘，用剪刀在表面剪出6刀口。

烘烤

⑱ 放入烤箱，用上火220℃／下火200℃，入爐後開蒸氣3秒，烘烤16分鐘。出爐，連烤盤重敲震出空氣，放涼。

RED WINE BREAD WITH TARO

紅酒芋泥

麵團
直接法

模型
--

份量
約10個

保存
常溫2天
冷凍7天

Ingredients

〔麵團〕

高筋麵粉 1000g
細砂糖 80g
鹽 20g
高糖乾酵母 10g
法國老麵（P189） 100g
湯種（P188）........ 100g
無鹽奶油 20g
水 470g
紅酒 200g

〔內餡〕

芋泥餡 300g

〔表面用〕

墨西哥餡（P58）.. 適量
黑芝麻 .... 適量

商品的重點

○ 歐洲紅酒搭配台式經典芋泥餡，台歐異國元素的組合。有別於以往用椰子餡搭配甜麵團，這裡是以紅酒麵團抹上芋頭餡，看似毫不相關的食材，風味卻是相當的契合。

○ 混合了法國老麵與湯種不同的麵種來做麵團，將麵團裡甘醇的滋味提引出來。口感風味，取決於湯種的發酵完成度，讓湯種麵團發酵完整降低本身帶有的Q彈效果，帶出好入口的理想口感。

Step by Step

○攪拌麵團

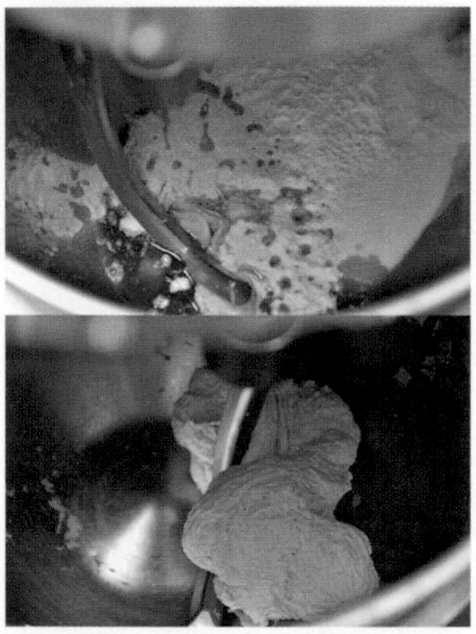

❶ 將所有材料（酵母、奶油除外）→低速攪拌2分鐘均勻成團後。

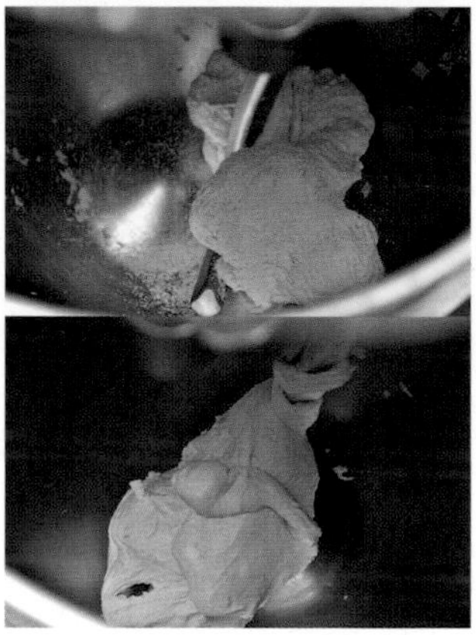

❷ 加入高糖乾酵母轉→中速攪拌3分鐘混勻。

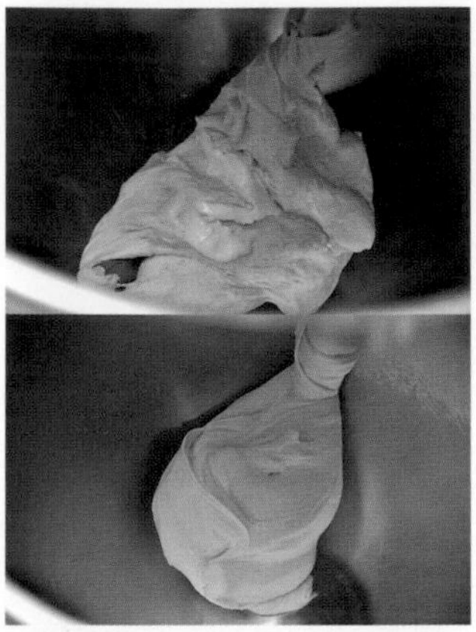

❸ 再加入奶油轉→低速攪拌2分鐘，再轉→中速攪拌1分鐘（終溫26℃）。

麵團攪拌完成的狀態

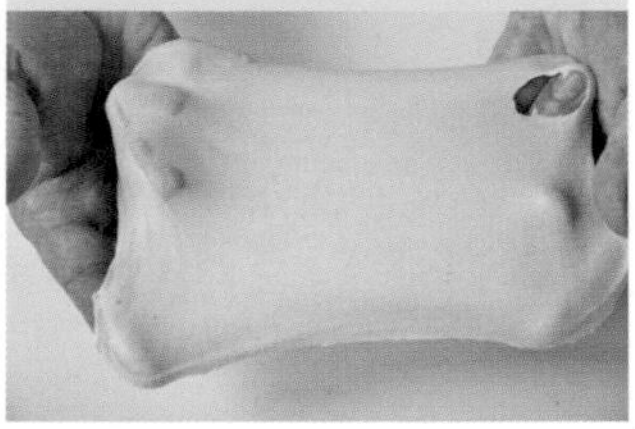

❹ 麵團可拉出均勻薄膜、筋度彈性。

○基本發酵、翻麵排氣

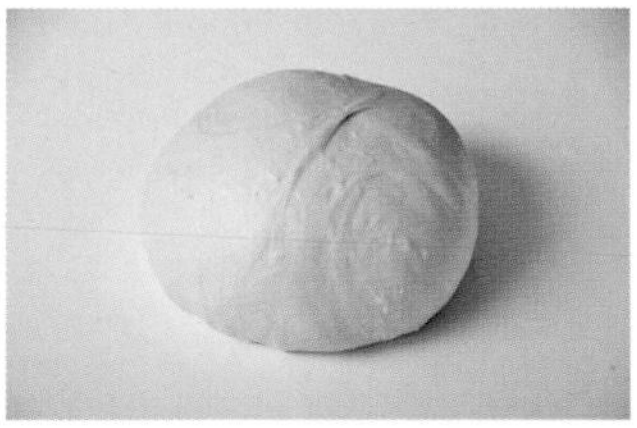

❺ 整合麵團成圓球狀，放入容器中，用保鮮膜覆蓋，基本發酵30分鐘。

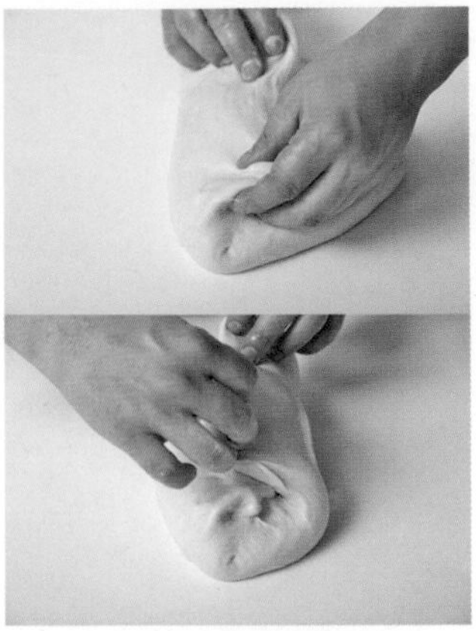

❻ 輕拍壓整體麵團，從左側朝中間折1/3，輕拍壓，再從右側朝中間折1/3，輕拍壓。

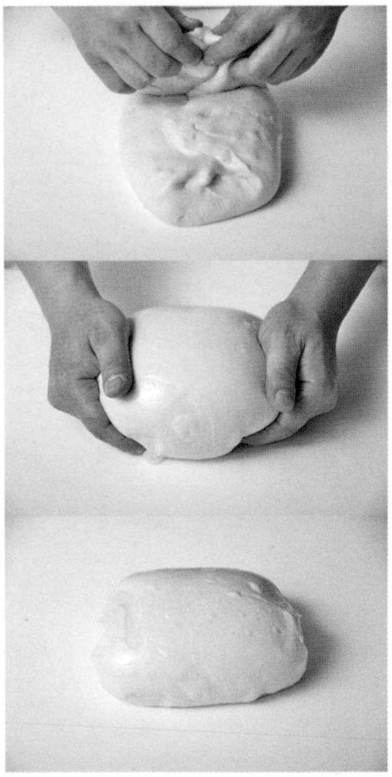

❼ 由內側朝外折1/3，輕拍壓，再向外折1/3將麵團折疊，繼續發酵30分鐘。

分割、中間發酵

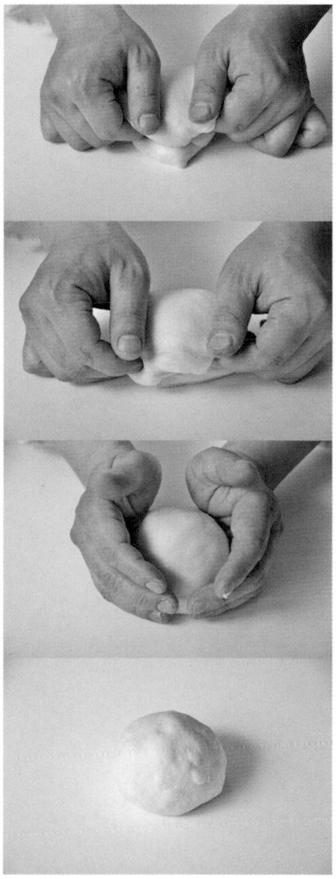

❽ 分割麵團成100g，輕拍稍平整，由內側往外側捲折，收合於底。稍滾動整理麵團成圓球狀，讓表面變得飽滿，中間發酵25分鐘。

整型、最後發酵

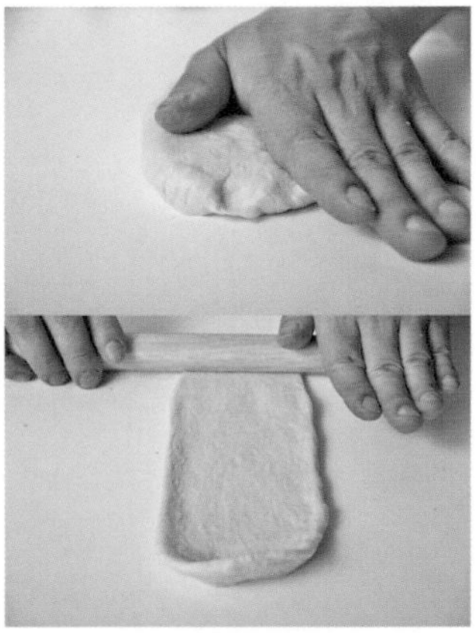

❾ 用手掌輕拍麵團排出氣體、平順光滑面朝下。

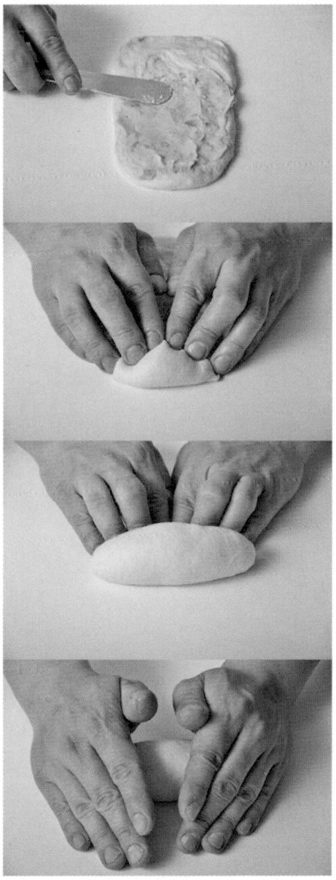

❿ 表面抹上芋泥餡（30g）。從外側捲折起，用手指按壓密合，收合於底。

⓫ 輕輕滾動搓揉兩端整成橢圓狀。

⓬ 等間距整齊放置烤盤中，最後發酵約60分鐘。以呈S方式在表面擠上墨西哥餡，灑上黑芝麻。

烘烤

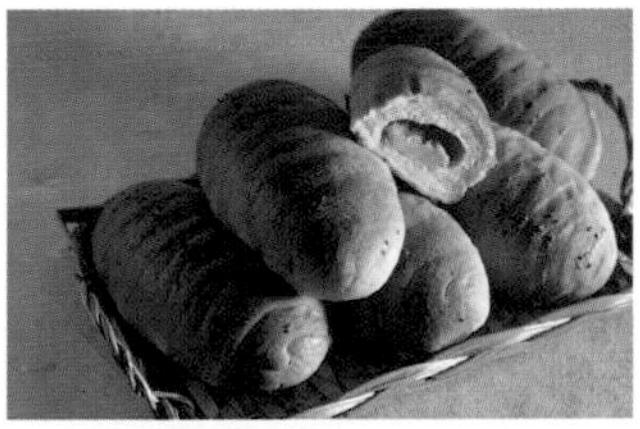

⓭ 放入烤箱，用上火220℃／下火190℃，入爐後開蒸氣3秒，烘烤15分鐘。出爐，連烤盤重敲震出空氣，放涼。

發酵種基本講座

湯種

湯種是以澱粉的糊化為主要目的，主要是以熱水倒入麵粉裡攪拌混合，讓澱粉糊化至55℃。由於成製的湯種為已糊化過的澱粉，因此添加在麵團裡製成的麵包，帶有自然的甘甜味外，也更富濕潤Q彈的口感特色。一般添加的用量大約介於10-30%左右。

共通原則｜為避免雜菌的孳生導致發霉，使用的容器工具需事先用酒精消毒。

材料

高筋麵粉............100g
細砂糖..................10g
鹽...........................1g
沸水（100℃）.......100g

❶ 將高筋麵粉、細砂糖、鹽混合攪拌均勻。

❷ 再倒入沸水。

❸ 攪拌混合均勻。

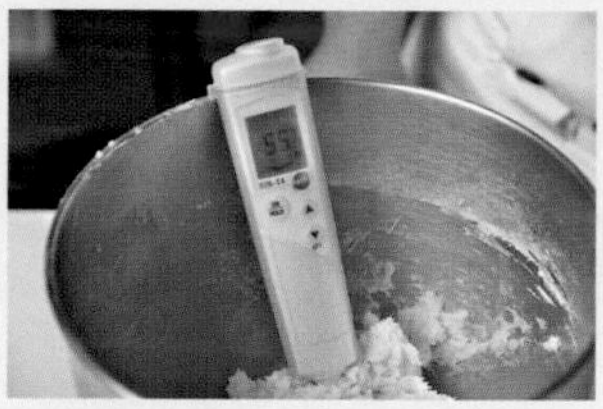

❹ 混合均勻（約55℃）至無粉粒。

❺ 待冷卻，密封包覆，冷藏隔天使用（冷藏可保存5天）。

○酒精消毒法

將使用的工具噴灑上酒精（77%），再用拭紙巾充分擦拭乾淨即可。

發酵種基本講座

法國老麵

可直接將當日製作法國麵包的麵團中取出部分，經過隔夜低溫冷藏發酵，即可作為法國老麵使用，帶有微酸的發酵風味，與穩定的發酵力，能增加麵包的風味和膨脹力，適用各種類型的麵包；書中使用的法國老麵，是將攪拌好的麵團發酵60分後冷藏12小時以上使用。

材料

奧本惠法國粉 .. 1000g
麥芽精 3g
低糖乾酵母 5g
鹽 20g
水 720g

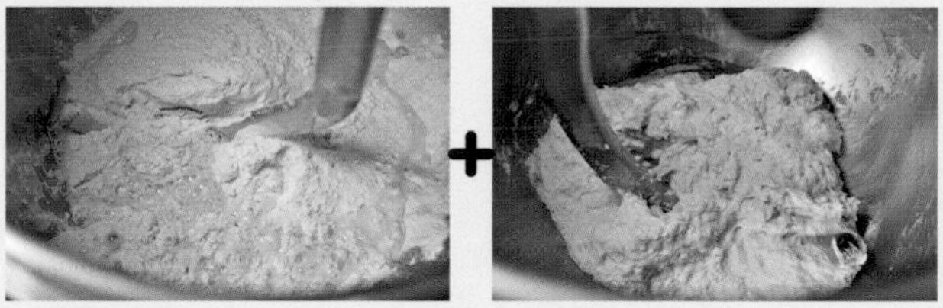

❶ 將法國粉、麥芽精、水低速攪拌混合均勻至無顆粒。

❷ 在麵團表面均勻撒上低糖乾酵母。

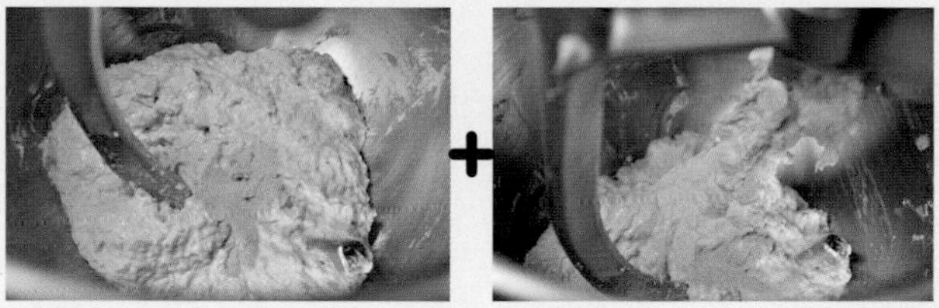

❸ 室溫靜置15-30分鐘左右，進行自我分解。相較之前此時麵團連結變強，有筋性。

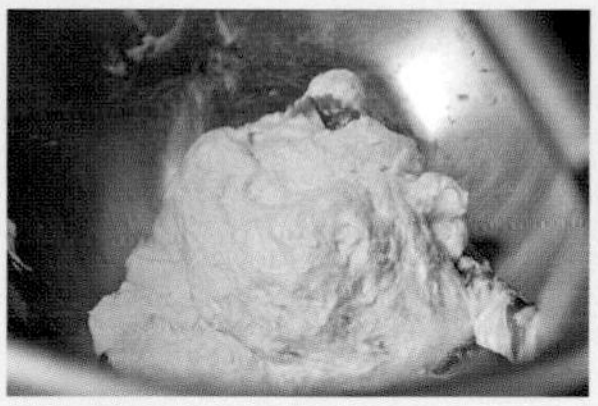

❹ 再低速攪拌1分鐘。

❺ 加入鹽先低速攪拌4分鐘混拌後，轉快速攪拌30秒。

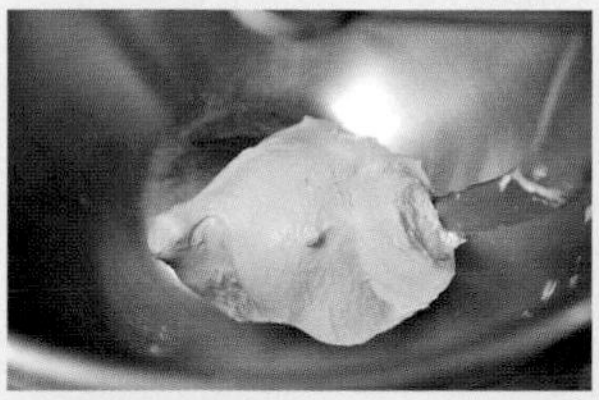

❻ 攪拌至成延展性良好的麵團（麵溫24℃）。

麵團延展開的薄膜狀態

❼ 用保鮮膜覆蓋，放置室溫基本發酵約30分鐘。

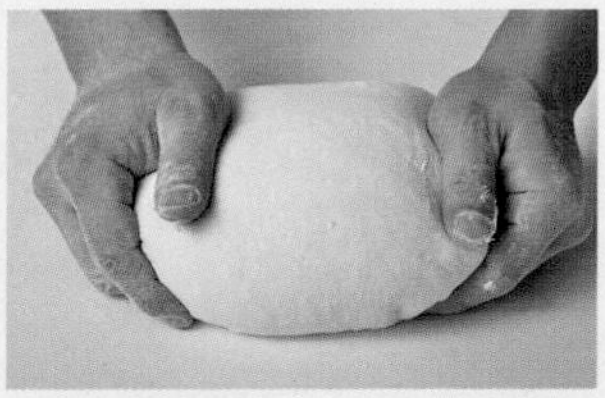

❽ 將麵團輕拍壓平排氣，做3折2次的翻麵，整合麵團繼續發酵約30分鐘，再冷藏發酵（約5℃）約12小時。

CRANBERRY CREAM CHEESE BREAD

啾C紅莓乳酪

麵團
直接法

模型
--

份量
約10個

保存
常溫2天
冷凍7天

Ingredients

〔麵團〕

Ⓐ 高筋麵粉.......925g
裸麥粉............75g
細砂糖............80g
鹽....................18g
高糖乾酵母.....10g
水..................650g
無鹽奶油.........50g
湯種（P188）..100g
Ⓑ 啾C小紅莓.....240g

〔內餡〕

奶油乳酪（切丁）.450g

〔表面用〕

裸麥粉...............適量

商品的重點

○ 在充滿麥香風味的麵團添加奶油乳酪與小紅莓，裸麥風味與乳酪、果乾的酸味，讓麵包的歐風口味更深厚，非常容易入口。

○ 整型時稍微輕柔塑型，劃刀時要確實，劃得太深裂痕明顯，乳酪外露會破壞外觀，太淺裂痕會不夠明顯，無法展現特色。

Step by Step

◯攪拌麵團

❶ 將所有材料Ⓐ（酵母除外）→低速攪拌2分鐘均勻成團。

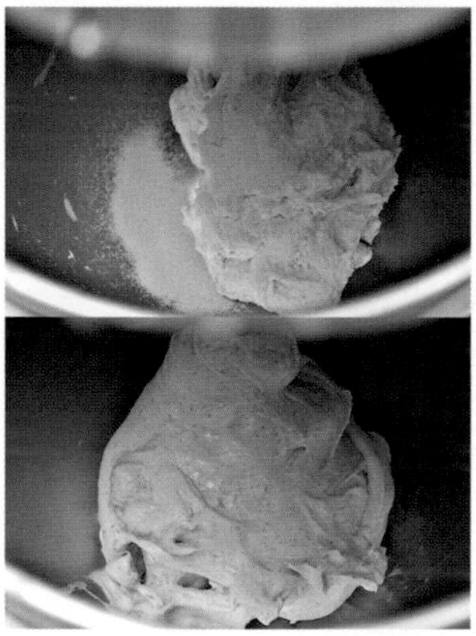

❷ 加入高糖乾酵母轉 中速攪拌4分鐘混勻（終溫26℃）。

麵團攪拌完成的狀態

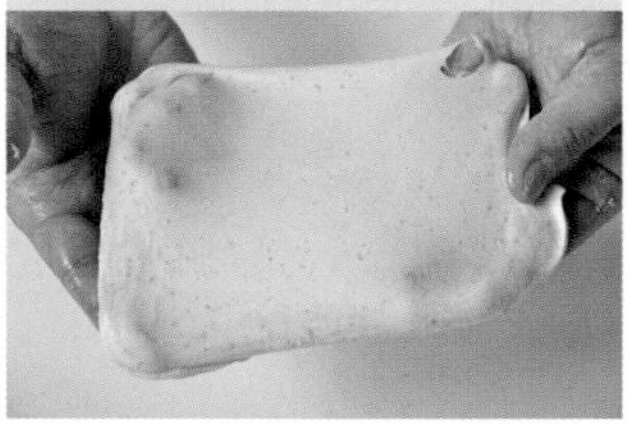

❸ 麵團可拉出均勻薄膜、筋度彈性。

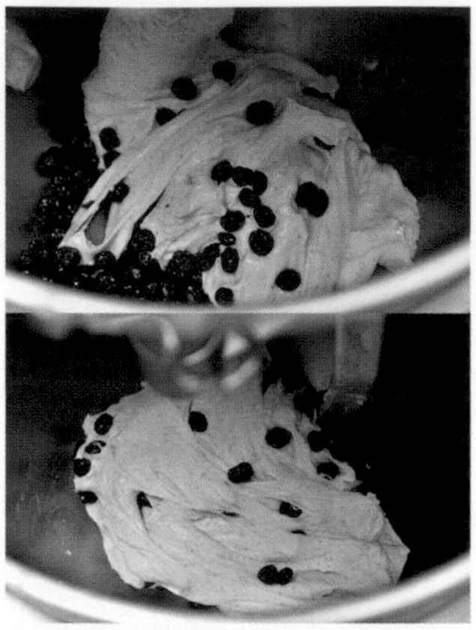

❹ 最後加入小紅莓→低速攪拌1分鐘。取出分切麵團、上下重疊，再對切、重疊放置，重複切拌混合至均勻。

⬇

◯基本發酵、翻麵排氣

❺ 整合麵團成圓球狀，放入容器中，用保鮮膜覆蓋，基本發酵30分鐘。

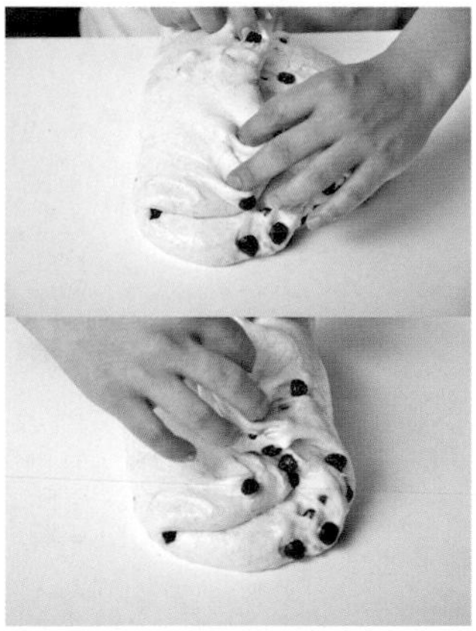

❻ 輕拍壓整體麵團，分別從左側、右側朝中間折1/3，輕拍壓。

❼ 再由內側朝外折1/3，輕拍壓。再向外折1/3將麵團折疊起來，繼續發酵約30分鐘。

⬇

◯分割、中間發酵

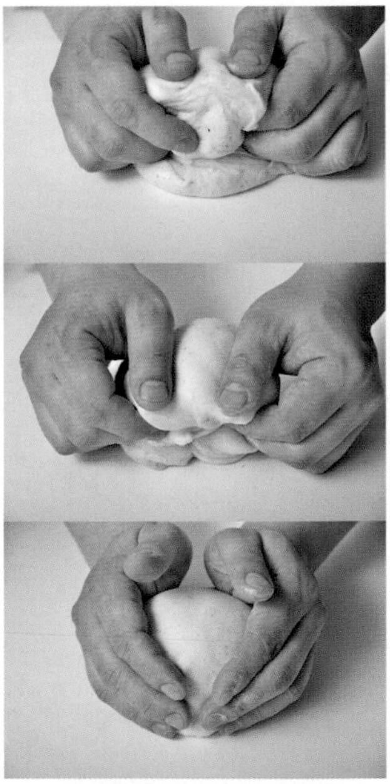

❽ 分割麵團成200g，輕拍稍平整，由內側往外側捲折，收合於底。稍滾動整理麵團成圓球狀，讓表面變得飽滿，中間發酵25分鐘。

⬇

整型、最後發酵

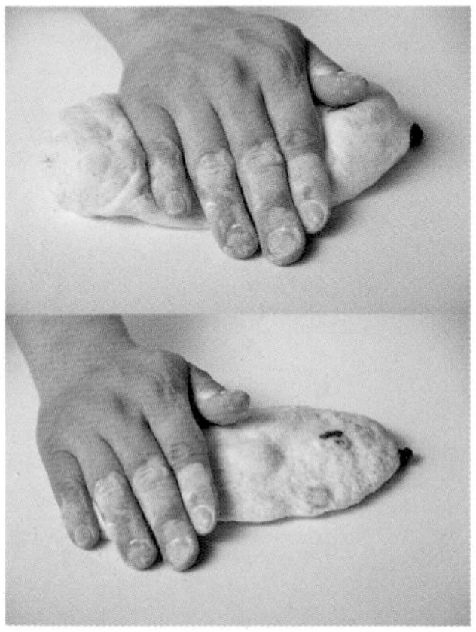

⑨ 用手掌輕拍麵團排出氣體、平順光滑面朝下。

⑩ 在表面放上奶油乳酪丁（30g）。從內側往中間折1/3，用手指按壓折疊的接合處使其貼合。再由外側往中間折1/3，用手指按壓折疊的接合處使其貼合，按壓輕拍。

⑪ 在表面再鋪放上奶油乳酪丁（15g）。

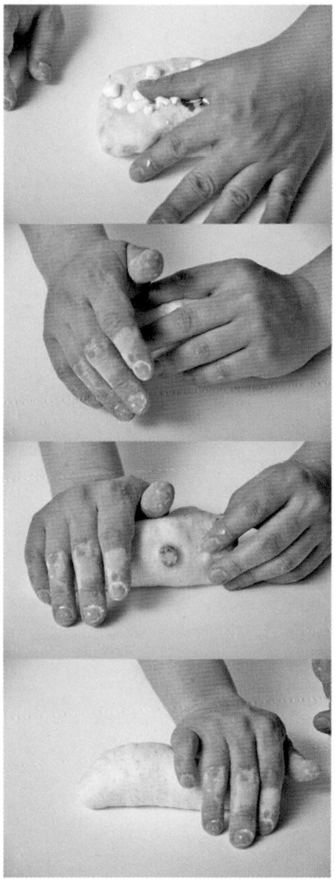

⑫ 從外側對折捲起，用手指按壓密合，收合於底。

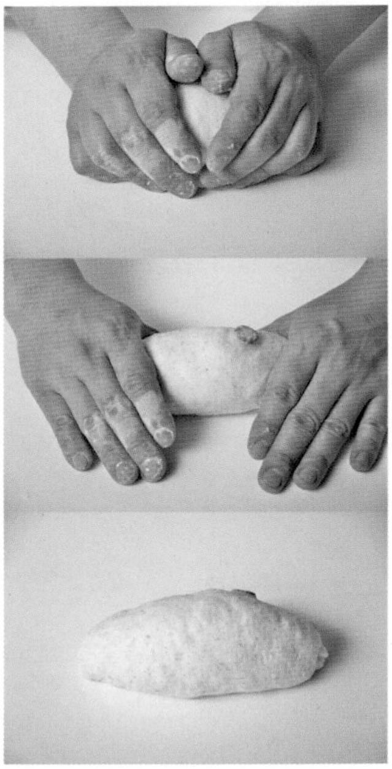

⑬ 輕輕滾動搓揉兩端整成橢圓狀。

⑭ 收口朝下，放置在烤盤上，最後發酵約60分鐘。篩灑上裸麥粉，用割紋刀在表面切劃4刀口。

⬇

烘烤

⑮ 放入烤箱，用上火210℃／下火180℃，入爐後開蒸氣3秒，烘烤18分鐘。出爐，連烤盤重敲震出空氣，放涼。

酵母種基本講座

星野天然酵母

日本星野天然酵母麵包種，依循日本傳統古法釀造技術應用生產的發酵種，主要是以小麥、米、麴菌及水來培養釀製，不使用任添加物為其特徵。在發酵過程中由於麴菌或乳酸菌的作用，產生美味的成分。香氣濃厚、風味層次分明，無論軟式、歐式麵包都適用。

前置作業｜漂白液消毒殺菌。不適用酒精消毒，會抑制酵母的生長。

○培養本種的容器

培養星野酵母種時，最好使用不鏽鋼材質容器。培養生種時所使用的器具在清洗乾淨後，用稀釋漂白消毒液浸泡消毒殺菌，最後再用溫水徹底沖洗至無殘留與氣味後即可使用。

○漂白水消毒法

將水與漂白水以100:1的比例稀釋混合。接著在所有使用的器具與容器噴上稀釋後的漂白水消毒殺菌約5分鐘，最後用大量的溫水徹底清洗乾淨至無味道即可，倒扣放置至完全風乾。

星野酵母粉種（赤種）

星野生種

材料

星野酵母粉 100g
溫水（30℃） 200g

❶將溫水、星野酵母粉（麵包種：溫水=1:2）放入容器中，仔細攪拌混合均勻。

❷蓋上瓶蓋，放置室溫（約28℃）靜置發酵約20小時（pH4.5左右）。

❸移置冷藏（約5℃）保存（約可存放7天），最好在一週內使用完畢。

溫度控管非常重要，發酵種的溫度避免超過30℃。發酵時間的長短取決環境的溫度，在室溫的狀態下，夏季較快，而冬季較慢些。

發酵過程狀態

→攪拌完成狀態。生種吸收水分後呈現粗糙的豆渣狀態。

↑12小時狀態（冒泡膨脹）
酵母的活動力變得活潑，中心逐漸冒泡膨脹。

↑24小時狀態（穩定之後）
完成時的質地變得濃稠滑順。酒糟的氣味濃烈。

星野蜂蜜種

材料

奥本惠法國粉 500g
星野生種 50g
鹽............................ 9g
細砂糖 25g
蜂蜜....................... 50g
水.......................... 500g

❶將水、鹽、細砂糖、蜂蜜加入星野生種中仔細攪拌均勻。

❷再加入法國粉。

❸攪拌混合至無顆粒。

❹蓋上瓶蓋，放置室溫（約30℃）靜置發酵約6小時（pH5.5左右）。移置冷藏（約5℃）保存（約可存放7天）。

添加蜂蜜的蜂蜜種經過6小時發酵後，有著非常醇厚的蜜香，添加在麵團裡能有效地縮短發酵時間，保濕性與風味上的展現。

發酵過程狀態

↑攪拌完成

↑6小時後

綠豆

PART 4

老字號的在地驕傲

在地名物之美，美在純樸，美在溫暖的生活時光感，滿溢的人情味凝縮在口感裡，淬鍊成醇厚的迷人韻味，在新舊交織的時光裡，以一種迷人的姿態存在。

YOLK PASTRY
金沙蛋黃酥

麵團
油酥皮

模型
--

份量
約27個

保存
常溫5天
冷凍10天

Ingredients

〔油皮〕

法國粉 187g
低筋麵粉 56g
糖粉 28g
無水奶油 90g
水 120g

〔油酥〕

低筋麵粉 250g
無水奶油 100g

〔內餡〕

紅豆餡 810g
鹹蛋黃 27個

〔表面用〕

蛋黃液 .... 適量
黑芝麻 .... 適量

商品的重點

○ 糕餅與麵包最大差別在於餅皮不需經過發酵。麵粉使用中筋麵粉，或法國粉與低粉搭配加上無水奶油，做出酥脆具層次的口感外皮。

○ 此款蛋黃酥是我最推崇的四大美味糕餅之一。好吃的蛋黃酥，豆沙和鹹蛋黃的比例非常重要。蛋黃用新鮮現敲的較無蛋腥味；收口時不要讓餅皮留太多在底部，否則未徹底熟透的情況下，容易導致發霉。

○ 紅豆沙包覆蛋黃收合時，不需要完全密合，稍微露即可，這樣在包覆外皮收合後，內餡才不會因壓擠又往頂部上移（蛋黃就不會居中）。

Step by Step

內餡

❶ 將鹹鴨蛋剝開取出鹹蛋黃放入烤盤。

❷ 將鹹蛋黃噴上米酒，用上下火170℃，烘烤15分鐘。

❸ 紅豆餡搓揉成長條，分割成30g，滾圓，按壓扁。

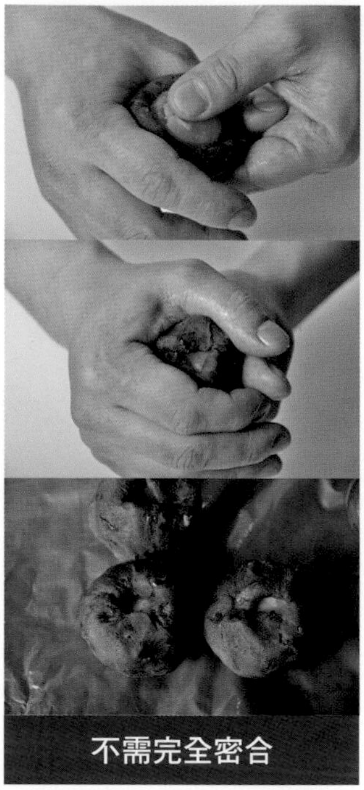

❹ 中間放入烤過鹹蛋黃，稍按壓後，由四周邊捏邊旋動的將鹹蛋黃按壓在紅豆餡中，收合成圓球狀，備用。

製作油皮

❺ 將所有材料→低速攪拌2分鐘混合均勻，再轉→中速攪拌2分鐘至無粉粒，成光滑狀。放入塑膠袋中，靜置鬆弛30分鐘。

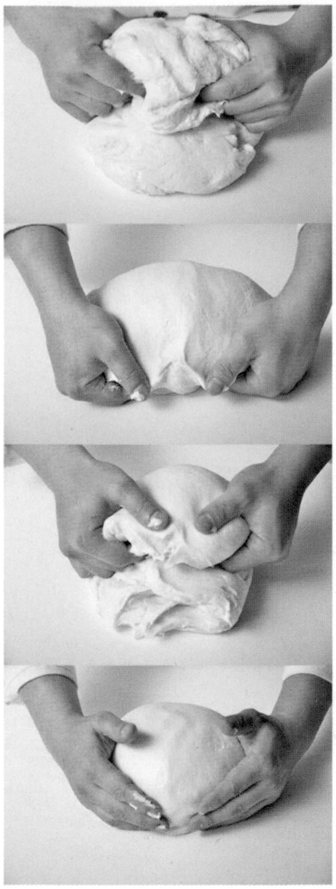

❻ 將油皮麵團翻面折疊使光滑外朝外。

製作油酥

❼ 將低筋麵粉加入無水奶油攪拌混合至無粉粒。

分割

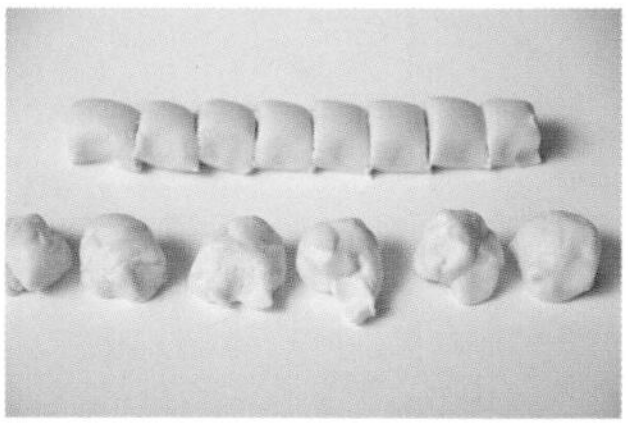

❽ 油皮麵團搓揉成長條，分割成35g，滾圓。油酥麵團搓揉成長條，分割成25g，滾圓。

油皮包油酥（油酥皮）

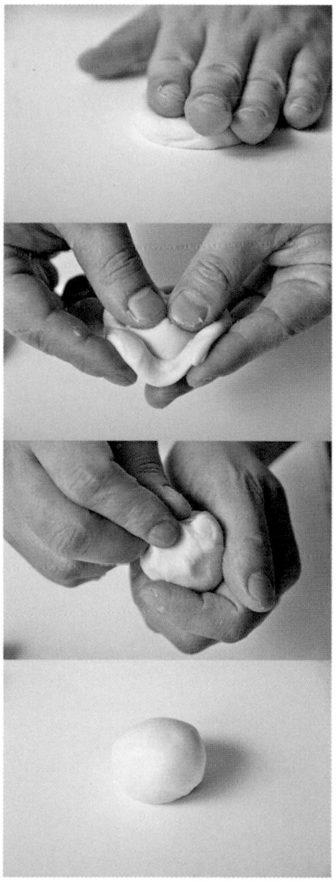

❾ 將油皮按壓扁成圓片，包覆油酥，從四周往中間，邊捏邊旋轉將油酥按壓於油皮中。收口轉緊，將多餘的油皮向下按壓在麵團上，捏合成圓球狀。

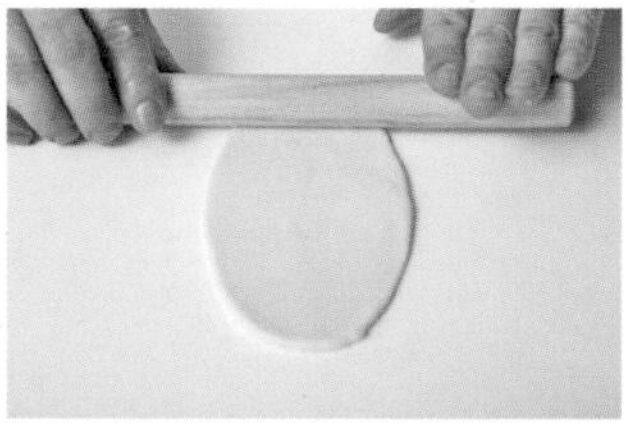

❿ 一次擀捲。將油酥皮稍壓扁，用擀麵棍由中間向兩端壓成橢圓片。

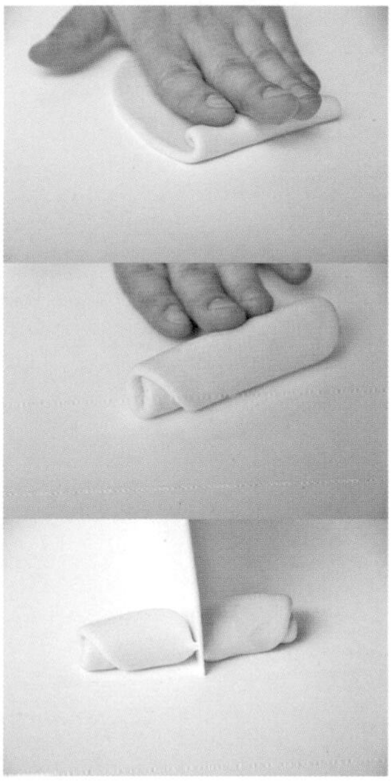

⓫ 從上向下捲起到底成圓筒狀，對切成二，覆蓋保鮮膜鬆弛約20分鐘（讓麵筋鬆弛，可讓擀製時較好延展；鬆弛時表面要蓋上保鮮膜，避免乾裂）。

整型

⓬ 將油酥皮對折，由中間按壓成圓形片。

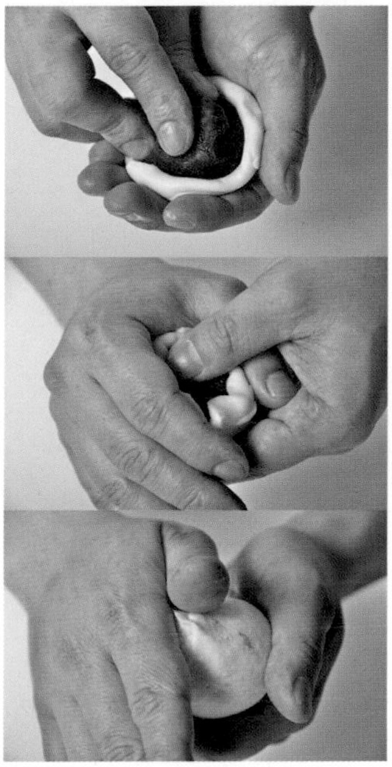

⓭ 將紅豆蛋黃餡按壓於油酥皮中，用虎口環住餅皮，由四周邊捏邊旋轉地將內餡按壓於油酥皮中，捏緊收合整型成圓球狀，放置烤盤中。

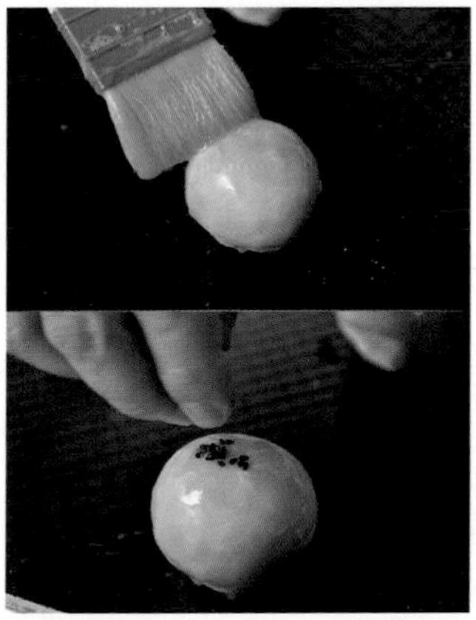

⓮ 用毛刷在表面2/3處塗刷蛋黃液，待稍風乾，再塗刷一次，撒上黑芝麻。

烘烤

⓯ 放入烤箱，用上火210℃／下火170℃，烘烤30分鐘，至腰身呈酥硬即可。

TARO PASTRY
紫金酥

麵團
油酥皮

模型
--

份量
約27個

保存
常溫5天
冷凍10天

Ingredients

〔油皮〕

法國粉................187g
低筋麵粉..............56g
糖粉......................28g
無水奶油..............90g
水........................110g

〔油酥〕

低筋麵粉............250g
無水奶油............100g
紫薯粉.................12g

〔內餡〕

芋頭餡................945g

商品的重點

○ 此類製品的酥層層次鮮明（雙粒酥）圓形層紋明顯可見，就油酥皮壓製性質的呈現即為「明酥」的一種。

○ 傳統的糕餅表面多以光滑的外型居多，紫金酥與其他糕餅的不同處就在將層次外露，一圈圈帶有明顯紋理的外型；正因為是將層次外露的製作方式，烘烤製成後的外皮酥脆度更加明顯。

○ 油酥、油皮需要稍攪拌的略硬一點，層次紋理會較明顯；在第二次擀捲時層次圈數適中即可，太多會造成油皮不容易回軟，餅皮則會無彈性。

Step by Step

○內餡

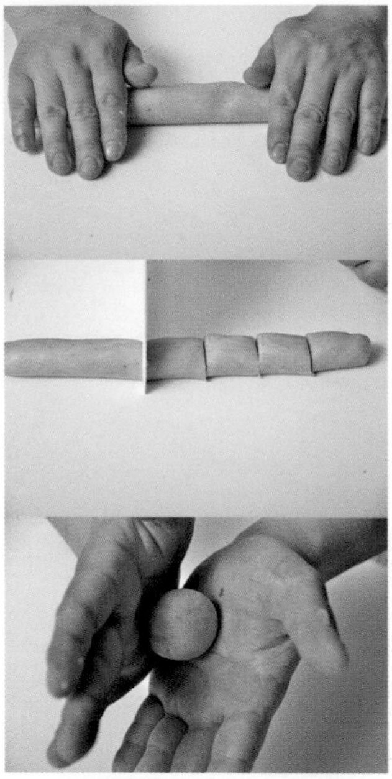

❶ 將芋頭餡揉勻後搓揉成長條，分割成35g，搓揉滾圓備用。

⬇

○製作油皮

❷ 油皮製作參見P198-201「金沙蛋黃酥」作法5-6完成製作。

⬇

○製作油酥

❸ 將過篩低筋麵粉加入無水奶油攪拌混合至無粉粒。

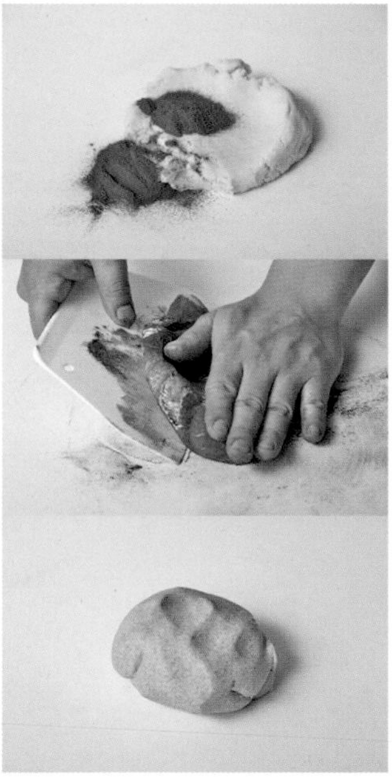

❹ 加入過篩紫薯粉用刮板壓拌混合均勻即可。

⬇

○分割

❺ 油皮麵團搓揉成長條，分割成35g，滾圓。油酥麵團搓揉成長條，分割成25g，滾圓。

⬇

○油皮包油酥（油酥皮）

❻ 油皮包油酥製作參見P198-201「金沙蛋黃酥」作法9完成製作。

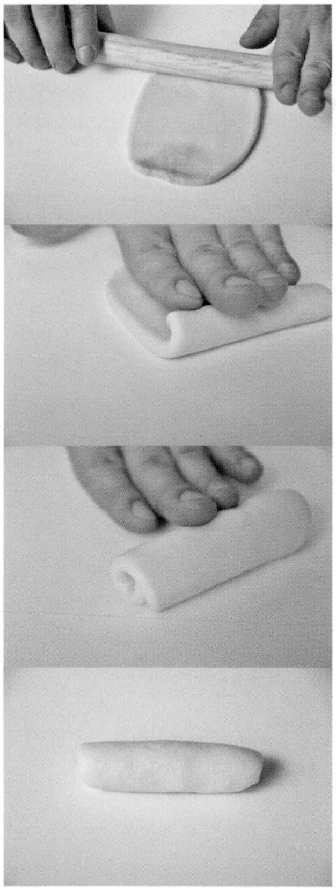

❼ 一次擀捲。將油酥皮稍壓扁，用擀麵棍由中間向兩端擀壓成橢圓片。從上向下捲起到底成圓筒狀，覆蓋保鮮膜鬆弛約10分鐘。

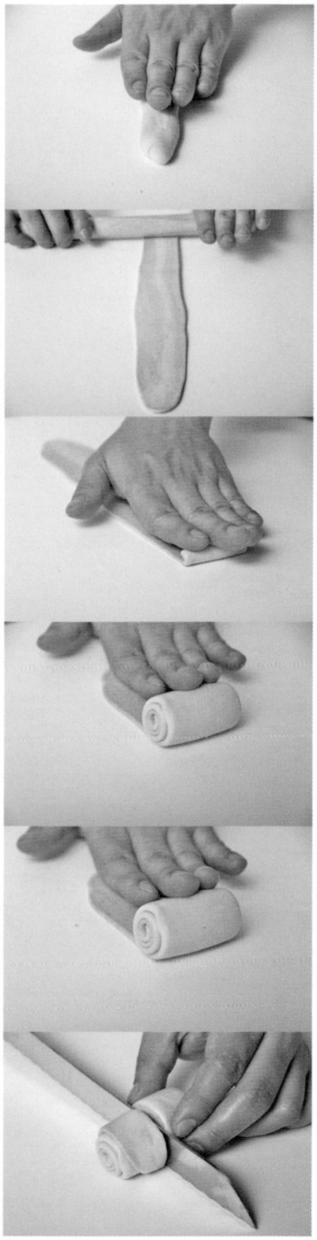

❽ 二次擀捲。稍搓長，縱放，收口朝上稍壓扁，用擀麵棍由中間向兩端擀壓成橢圓片。從上向下捲起到底成圓筒狀，對切為二，覆蓋保鮮膜鬆弛約10分鐘。

讓麵筋鬆弛，可讓擀製時較好延展；鬆弛時表面務必蓋上保鮮膜，避免乾裂。

⬇

○整型

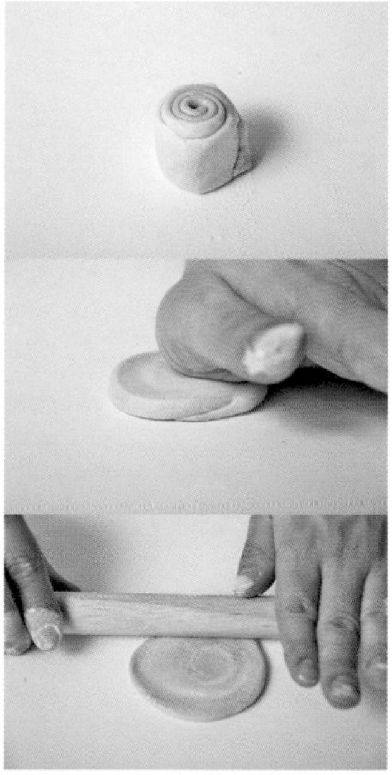

❾ 將油酥皮切口面朝下，稍壓扁後，擀成圓形片狀，成帶有螺旋紋圓片。

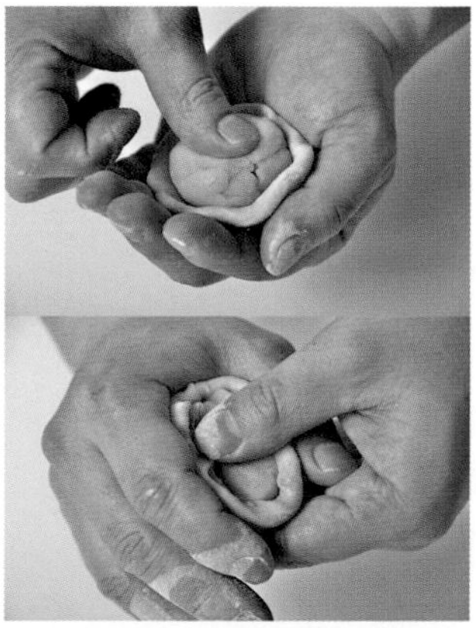

❿ 將油酥皮（切面朝下）包入芋頭餡，將內餡按壓於油酥皮中。

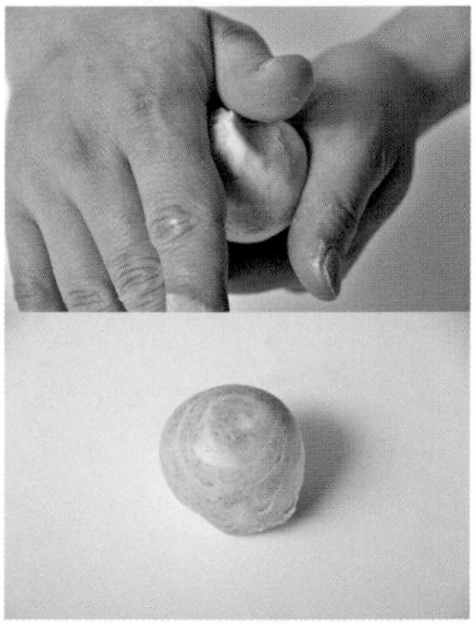

⓫ 用虎口環住餅皮，由四周邊捏邊旋轉地將內餡按壓於油酥皮中，捏緊收合整型成圓球狀，放置烤盤中。

⬇

○烘烤

⓬ 放入烤箱，用上火180℃／下火200℃，烘烤25分鐘，至腰身呈酥硬即可。

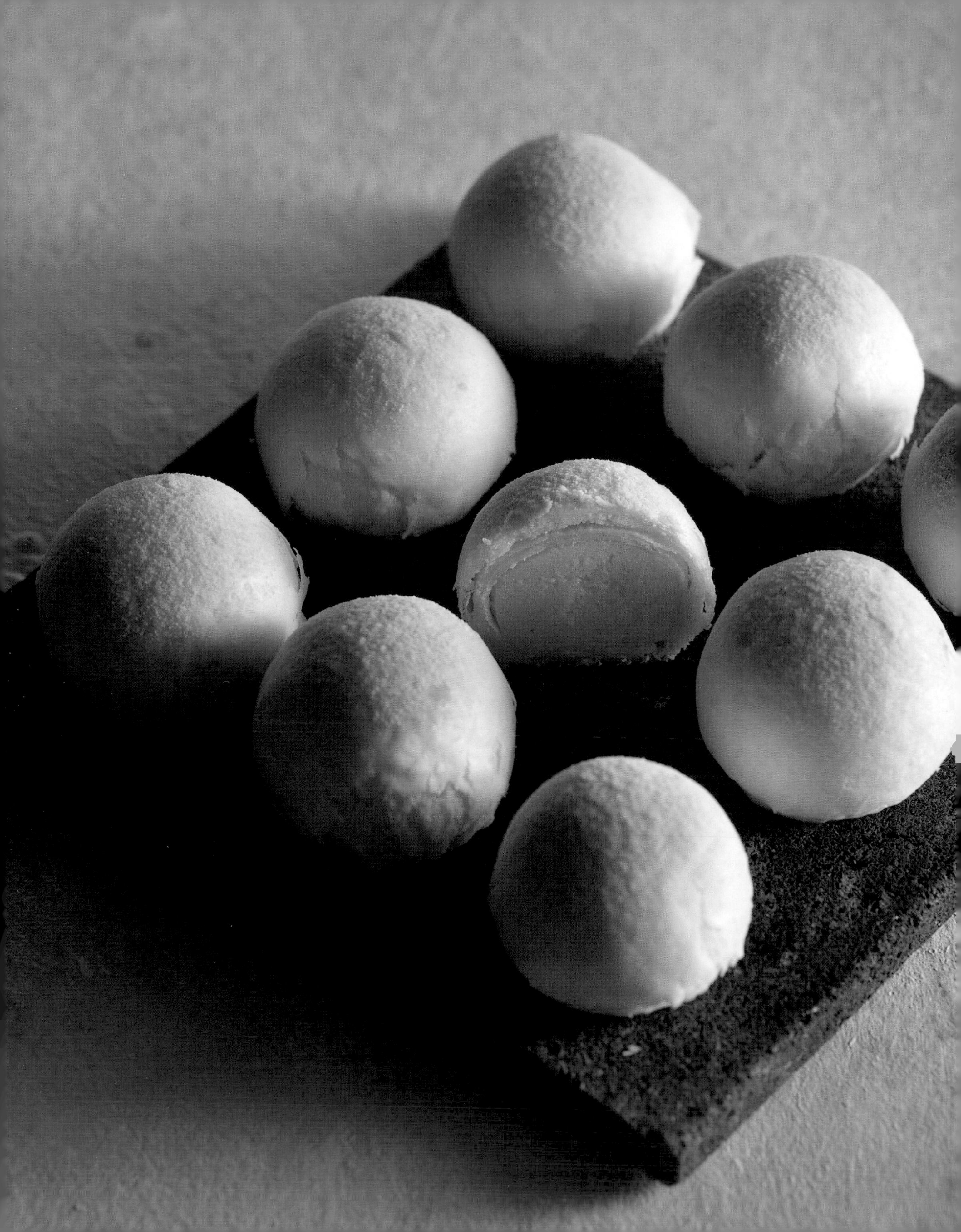

MINI PASTRY
小月餅

麵團
油酥皮

模型
--

份量
約27個

保存
常溫5天
冷凍10天

Ingredients

〔油皮〕
法國粉 187g
低筋麵粉 56g
糖粉 28g
無水奶油 90g
水 120g

〔油酥〕
低筋麵粉 250g
無水奶油 100g

〔內餡〕
小月餅餡 675g

〔表面用〕
綠豆粉 .... 適量

商品的重點

- ○ 內餡奶香味十足，比起其它的月餅更加的綿密，入口即化，外表撒少許綠豆粉烘烤，而造型上較蛋黃酥的型體來得小而迷你。
- ○ 油皮油酥類月餅，注意烤焙時腰身一定要烤熟透，若烘烤得不夠，回軟快酥脆度不明顯；相反若烤得太過，內餡則容易乾燥，口感偏乾。

Step by Step

內餡

❶ 將小月餅餡搓揉成長條，分割成25g，滾圓。

⬇

製作油皮

❷ 將所有材料→低速攪拌2分鐘混合均勻，再轉→中速攪拌2分鐘至無粉粒，成光滑狀。放入塑膠袋中，靜置鬆弛30分鐘。

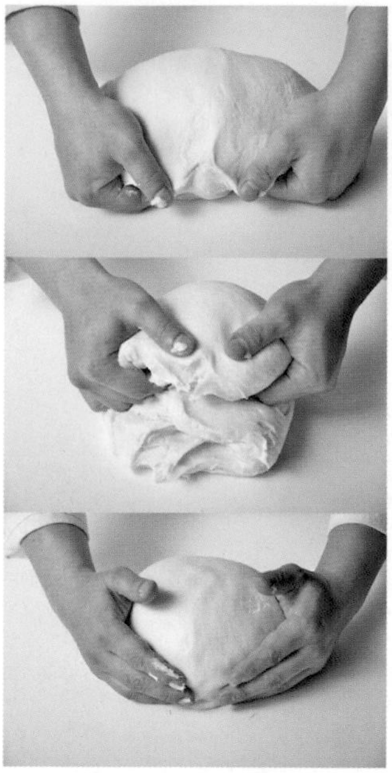

❸ 將油皮麵團翻面折疊使光滑外朝外。

⬇

製作油酥

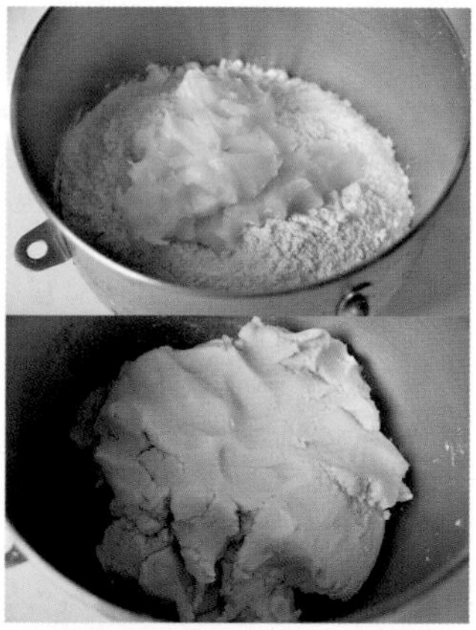

❹ 將低筋麵粉加入無水奶油攪拌混合至無粉粒。

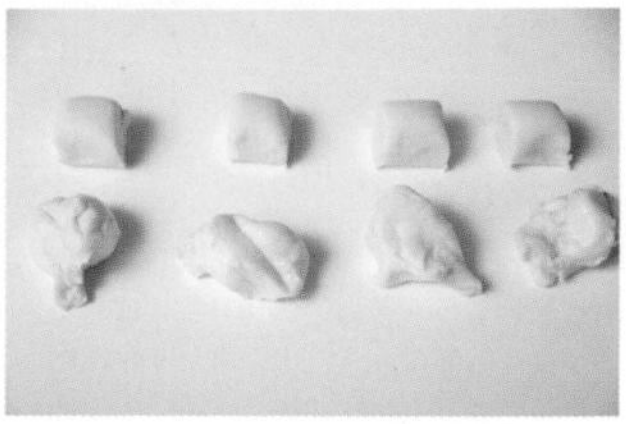

❺ 油皮麵團搓揉成長條，分割成35g，滾圓。油酥麵團搓揉成長條，分割成25g，滾圓。

⬇

油皮包油酥（油酥皮）

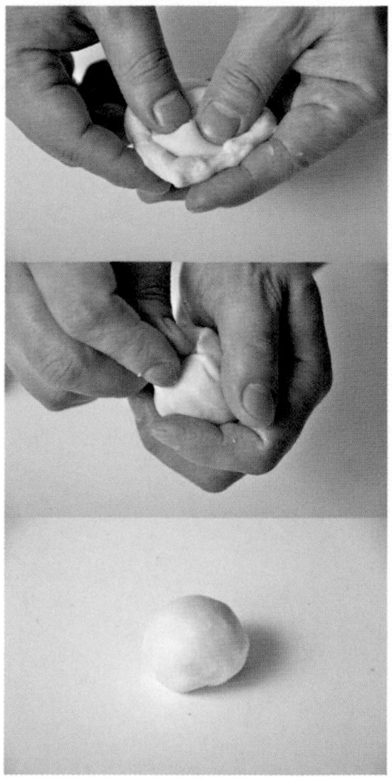

❻ 將油皮按壓扁成圓片，包覆油酥，從四周往中間，邊捏邊旋轉將油酥按壓於油皮中。收口轉緊，將多餘的油皮向下按壓在麵團上，捏合成圓球狀。

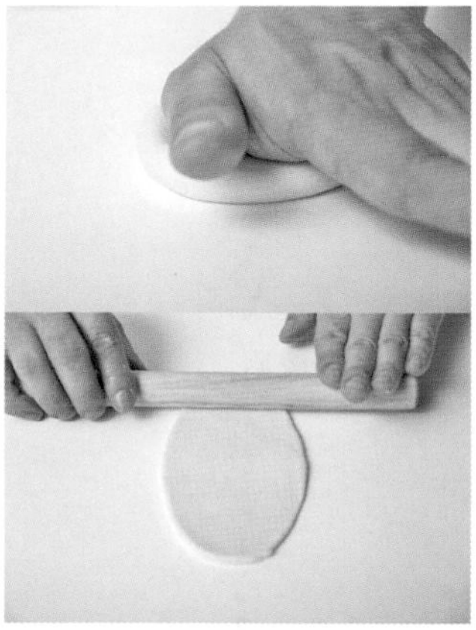

❼ 一次擀捲。將油酥皮稍壓扁，用擀麵棍由中間向兩端擀壓成橢圓片。

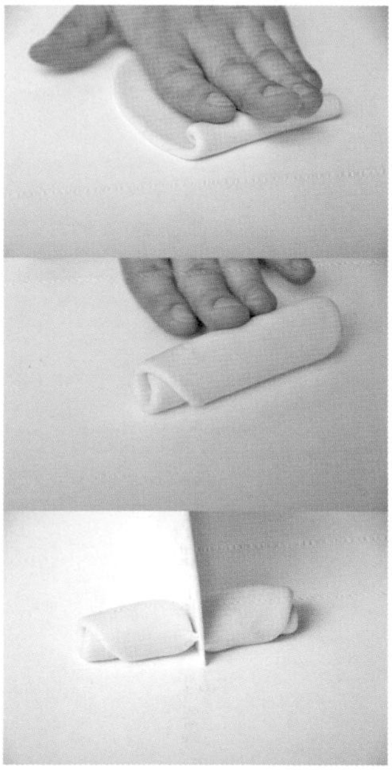

❽ 從上向下捲起到底成圓筒狀，對切成二，覆蓋保鮮膜鬆弛約20分鐘。

○整型

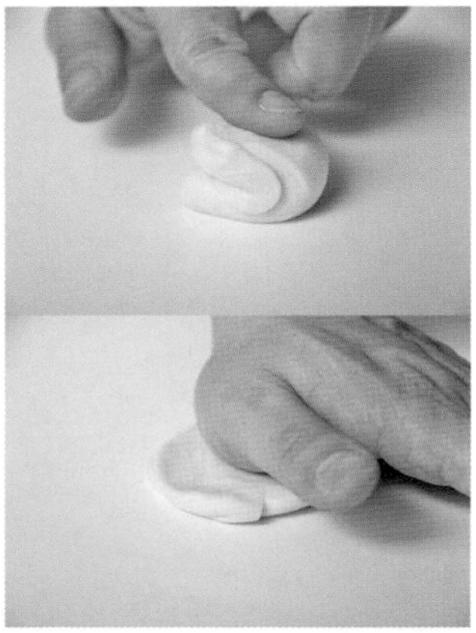

❾ 將油酥皮對折，由中間按壓成圓形片。

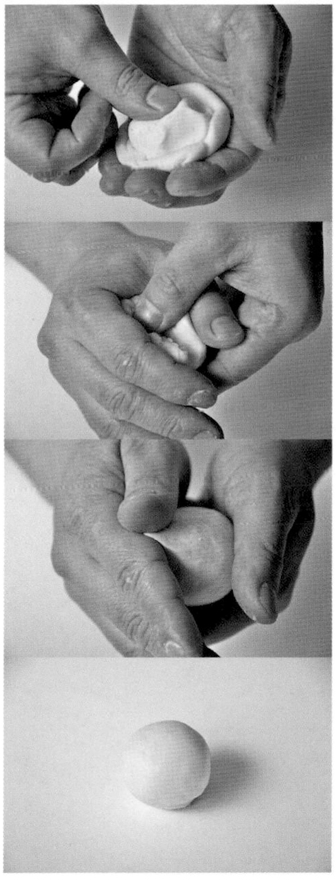

❿ 將內餡按壓於油酥皮中，用虎口環住餅皮，由四周邊捏邊旋轉地將內餡按壓於油酥皮中，捏緊收合整型成圓球狀。

⓫ 等間距的整齊放置烤盤中，噴上水霧，篩灑綠豆粉。

○烘烤

⓬ 放入烤箱，用上火190℃／下火180℃，烘烤20分鐘，至腰身呈酥硬即可。

SUN CAKE
太陽餅

麵團
油酥皮

模型
--

份量
約24個

保存
常溫5天
冷凍10天

Ingredients

〔油皮〕
法國粉................187g
低筋麵粉..............56g
糖粉......................28g
無水奶油..............90g
水..........................120g

〔油酥〕
低筋麵粉............250g
無水奶油............100g

〔內餡〕
Ⓐ 水麥芽...........150g
細砂糖...........100g
無鹽奶油.......150g
奶水................50g
Ⓑ 奶粉................50g
低筋麵粉.......200g

商品的重點

○ 台中糕餅伴手之最，改良自漢餅中的酥餅而來。早期太陽餅是用豬油製作，但為了能夠讓吃素的人也能食用，有些店家則開始用奶油取代。
○ 太陽餅的美味源自層層疊疊的繁複作工，經以重複擀捲，形成酥鬆分明層次感，皮薄、酥香、餡香甜，入口即化。
○ 太陽餅內的糖餡，是使用麥芽糖及奶油為主來製作，又有麥芽餅之稱。確實包覆在餅皮中不能讓內餡外溢是重點，一旦流出表面，冷卻時會變硬，吃起來就不會柔軟且會黏牙。
○ 整型時收合的底部稍厚，可預防內層餅餡的外溢而造成的爆餡情形。而在表面戳孔洞，能讓內餡受熱時得以透氣，可降低烤焙受熱後油皮產生鼓皮，造成膨脹破裂的情形。

MUNG BEAN PASTRY

綠豆椪

麵團
油酥皮

模型
--

份量
約19個

保存
常溫5天
冷凍10天

Ingredients

〔油皮〕

法國粉................212g
低筋麵粉..............37g
糖粉......................37g
無水奶油............105g
水........................105g

〔油酥〕

低筋麵粉............250g
無水奶油............100g

〔內餡〕

綠豆沙餡............950g

綠豆沙可添加無水奶油依300g:15g的比例來調合，口感更滑順。

商品的重點

○ 台式月餅之最，是以油皮、油酥擀製餅皮，烤後呈現雪白、多層次的外皮，外皮宛如羽毛薄嫩，風一吹會有如皮毛翻起來，故又有「翻毛月餅」的美名。
○ 攪拌完成的油皮要注意溫度不能過高，溫度一旦太高，鬆弛時油脂會因融化外溢，造成餅皮口感的硬脆，而不是原本化口性良好的酥脆。
○ 綠豆椪做好時會在中間壓凹，烤好後才會鼓起，因外形呈略為鼓起的狀態，又有綠豆凸之稱；綠豆椪之名，取自「凸」的台語發音。
○ 早期的綠豆椪主要是以綠豆沙為餡，演變到現在有多種不同變化，像是包入滷肉、香菇等甜鹹的滷肉豆沙餡。

Step by Step

○內餡

❶ 將綠豆沙加入無水奶油攪拌混合均勻。

❷ 將綠豆沙餡搓揉成長條，分割成50g，搓揉滾圓。

○製作油皮

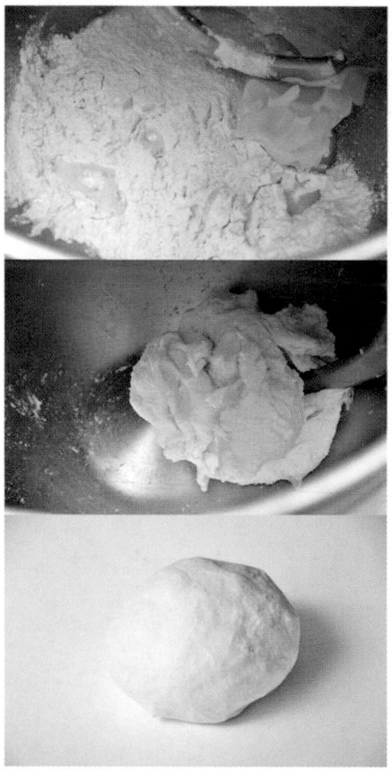

❸ 將所有材料→低速攪拌2分鐘混合均勻，再轉→中速攪拌2分鐘至無粉粒，成光滑狀。放入塑膠袋中，靜置鬆弛30分鐘。

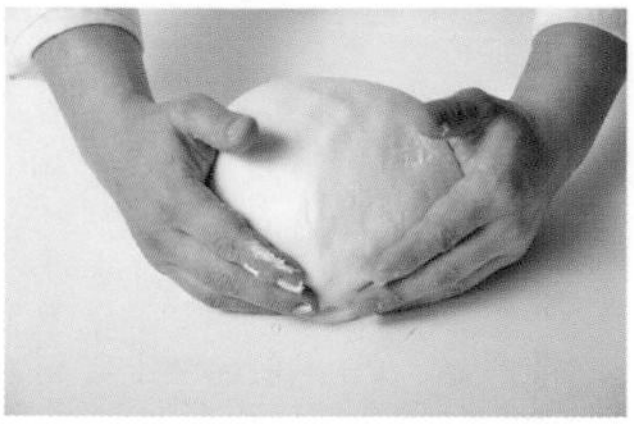

❹ 將油皮麵團翻面折疊使光滑外朝外。

○製作油酥

❺ 低筋麵粉加入無水奶油攪拌混合至無粉粒。

○分割

❻ 油皮麵團搓揉成長條，分割成25g，滾圓。油酥麵團搓揉成長條，分割成13g，滾圓。

○油皮包油酥（油酥皮）

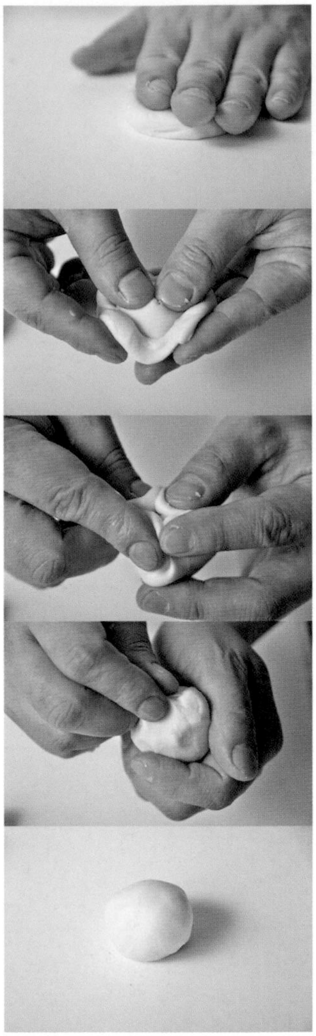

❼ 將油皮按壓扁成圓片，包覆油酥，從四周往中間，邊捏邊旋轉將油酥按壓於油皮中。收口轉緊，將多餘的油皮向下按壓在麵團上，捏合成圓球狀。

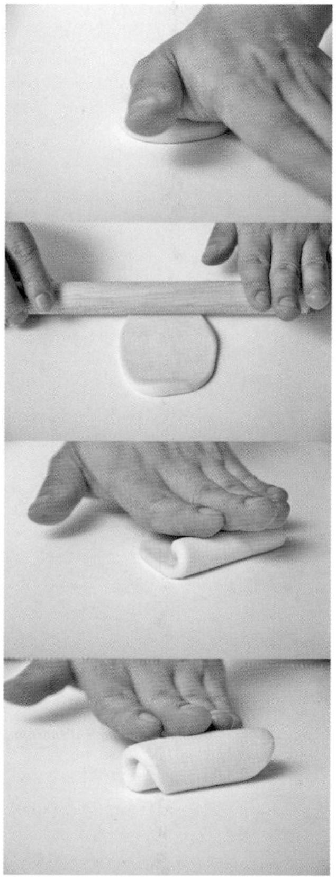

❽ 一次擀捲。將油酥皮稍壓扁，用擀麵棍由中間向兩端擀壓成橢圓片。從上向下捲起到底成圓筒狀，覆蓋保鮮膜鬆弛約10分鐘。

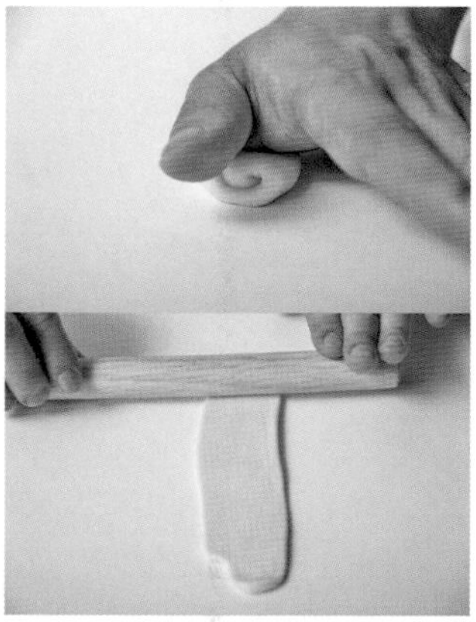

❾ 二次擀捲。縱放，收口朝上稍壓扁，用擀麵棍由中間向兩端擀壓成橢圓片。

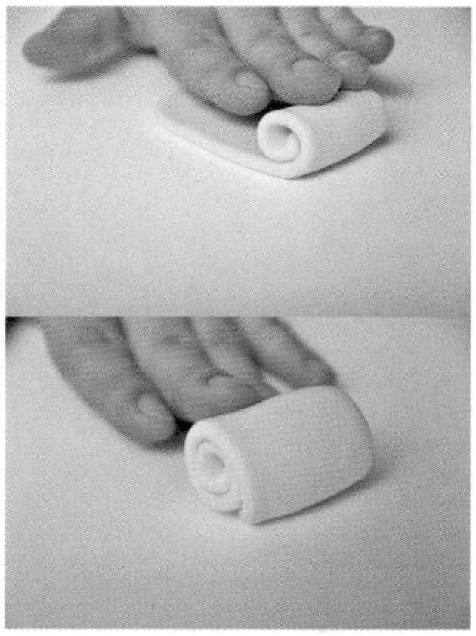

❿ 從上向下捲起到底成圓筒狀，覆蓋保鮮膜鬆弛約10分鐘。

↓

○整型

⓫ 將油酥皮對折，由中間按壓成圓形片。

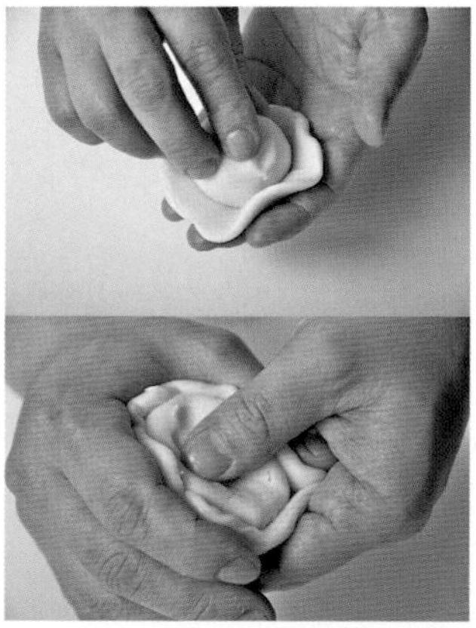

⓬ 將綠豆沙餡按壓於油酥皮中。

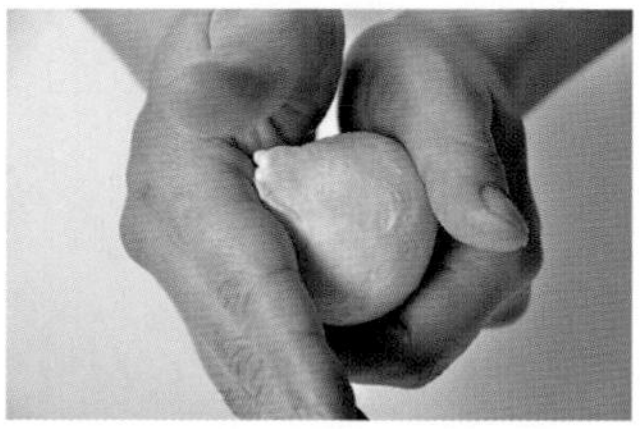

⓭ 用虎口環住餅皮，由四周邊捏邊旋轉地將內餡按壓於油酥皮中，捏緊收合整型成圓球狀。

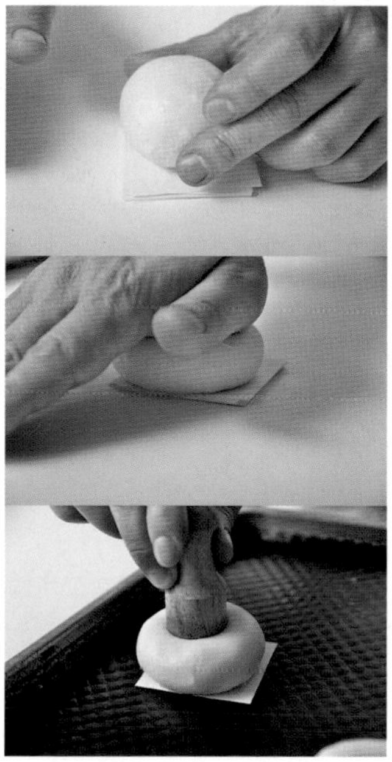

⓮ 將作法⑬放置在裁成正方狀的烤焙紙上。用掌心處稍按壓扁，中間處稍按壓出凹狀，放置烤盤中，在表面蓋印上圖紋（稍壓出凹痕，烘烤後才會鼓脹起來）。

↓

○烘烤

⓯ 放入烤箱，用上火200℃／下火200℃，烘烤11分鐘，轉向，用上火150℃／下火200℃，再烘烤15分鐘，至腰身呈酥硬即可。

MUNG BEAN AND PORK FLOSS PASTRY

綠豆肉脯

麵團
油酥皮

模型
--

份量
約19個

保存
常溫5天
冷凍10天

Ingredients

〔油皮〕

法國粉 212g
低筋麵粉 37g
糖粉 37g
無水奶油 105g
水 105g

〔油酥〕

低筋麵粉 250g
無水奶油 100g

〔內餡〕

Ⓐ 綠豆沙餡 760g
Ⓑ 肉脯 152g

綠豆沙可添加無水奶油依300g:15g的比例來調合，口感更滑順。

商品的重點

○ 此款為綠豆椪的美味延伸，是以油皮包油酥經反覆擀捲而成，擀捲時需要平均分布，有如在延壓可頌油脂般形成分明的層次紋理，烘烤後才會形成層次感，入口鬆酥。

○ 內餡使用的是大家所熟悉的肉脯。肉脯屬於乾性食材，為避免烘烤後變得乾澀，通常會與液態油拌勻使其變得濕潤後使用。鹹甜交織的古早味道，是一份情感，是一份回憶。

Step by Step

◯內餡

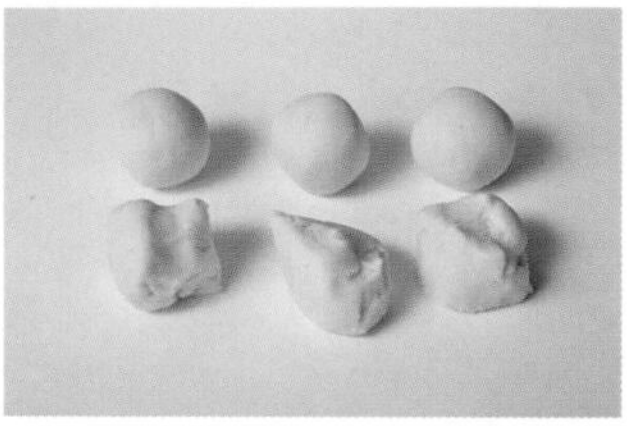

❶ 將綠豆沙加入無水奶油攪拌混合均勻，搓揉成長條，分割成40g，滾圓。

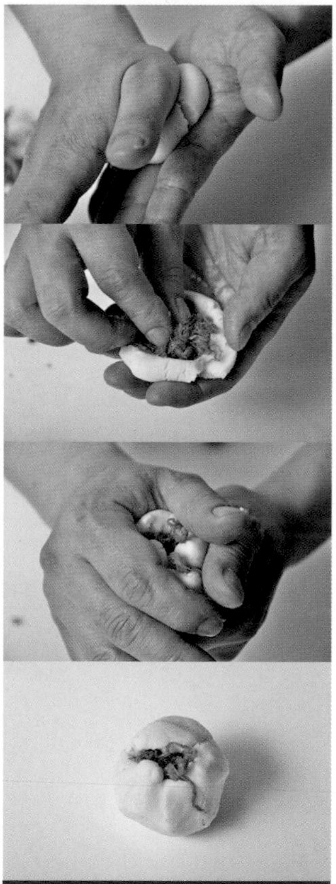

不需完全密合

❷ 將綠豆沙餡按壓扁，中間放入肉脯8g，稍按壓後，由四周邊捏邊旋動的將肉脯按壓在餅皮中，收合成圓球狀，備用。

◯製作油皮

❸ 將所有材料→低速攪拌2分鐘混合均勻，再轉→中速攪拌2分鐘至無粉粒，成光滑狀。放入塑膠袋中，靜置鬆弛30分鐘。

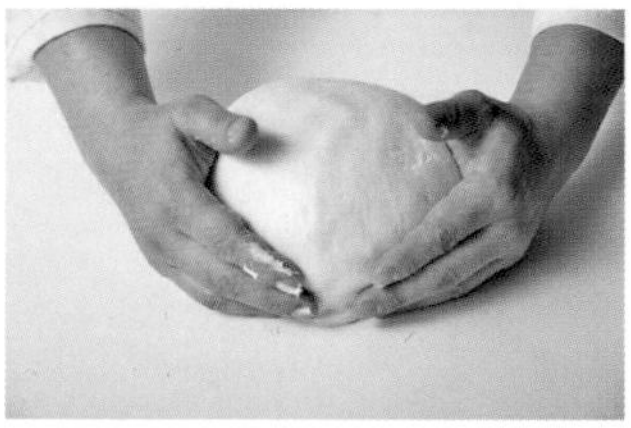

❹ 將油皮麵團翻面折疊使光滑外朝外，分割成25g，滾圓。

◯製作油酥

❺ 低筋麵粉加入無水奶油攪拌混合至無粉粒，分割成13g，滾圓。

◯油皮包油酥（油酥皮）

❻ 油皮包油酥製作參見P214-217「綠豆椪」作法7完成製作。

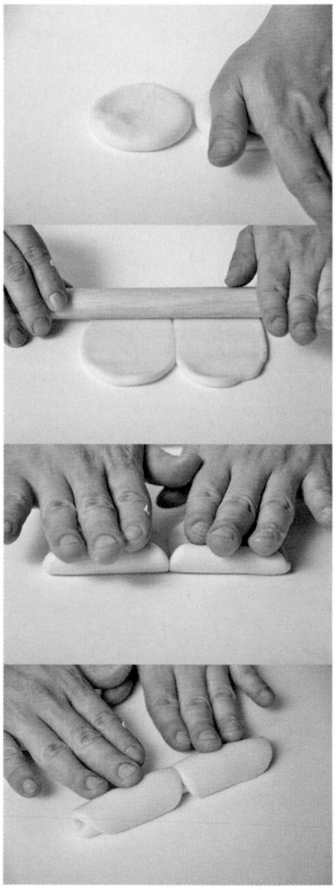

❼ 一次擀捲。將油酥皮稍壓扁，用擀麵棍由中間向兩端擀壓成橢圓片。從上向下捲起到底成圓筒狀，覆蓋保鮮膜鬆弛約10分鐘。

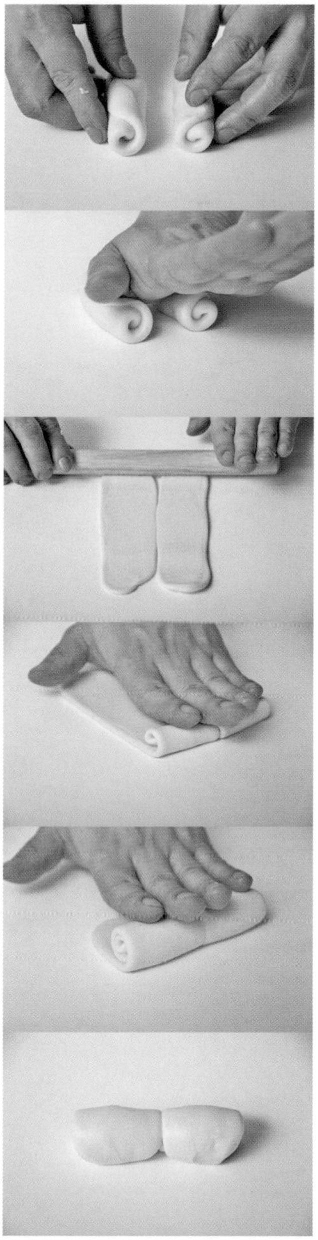

❽ 二次擀捲。縱放，收口朝上稍壓扁，用擀麵棍由中間向兩端擀壓成橢圓片。從上向下捲起到底成圓筒狀，覆蓋保鮮膜鬆弛約10分鐘。

○整型

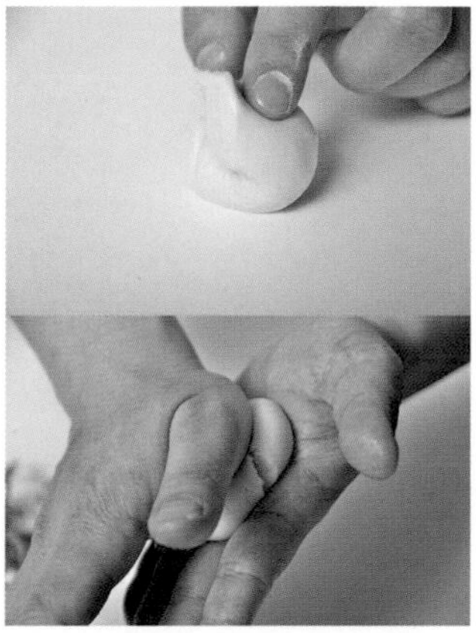

❾ 將油酥皮對折，由中間按壓成圓形片。

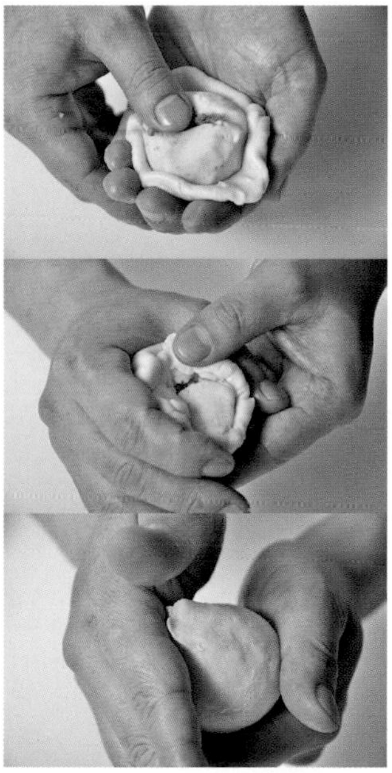

❿ 將綠豆肉脯餡按壓於油酥皮中，用虎口環住餅皮，由四周邊捏邊旋轉地將內餡按壓於油酥皮中，捏緊收合整型成圓球狀。

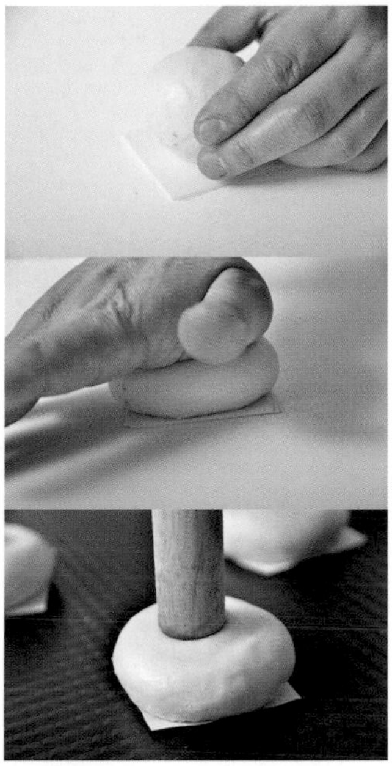

⓫ 將作法⑩放置在裁成正方狀的烤焙紙上。用掌心處稍按壓扁，中間處稍按壓出凹狀，放置烤盤中，在表面蓋印上圖紋。

> 整型時要稍壓出凹痕，烘烤後才會鼓脹起來，但也不能按壓太深，否則烘烤出來的產品膨脹不起來。

○烘烤

⓬ 放入烤箱，用上火200℃／下火200℃，烘烤11分鐘，轉向，用上火150℃／下火200℃，再烘烤15分鐘，至腰身呈酥硬即可。

TAIWANESE 3Q PASTRY

澎湃3Q餅

麵團
油酥皮

模型
--

份量
約21個

保存
常溫5天
冷凍10天

Ingredients

〔油皮〕
法國粉................187g
低筋麵粉..............56g
糖粉......................28g
無水奶油..............90g
水........................120g

〔油酥〕
低筋麵粉...........250g
無水奶油...........100g

〔內餡〕
紅豆餡..............1050g
麻糬....................252g
鹹蛋黃................21個

〔表面用〕
蛋黃液................適量
白芝麻................適量

商品的重點

○ 以酥香餅皮，搭配用紅豆、麻糬、蛋黃組成的內餡，因皮Q、餡Q、麻糬Q的口感特色，故又稱為3Q餅。又因內餡的食材都是很好的用料，且搭配的恰到好處，集香、鬆、軟、甘甜一次到位，早期也稱為總統3Q餅。

○ 內餡有3種不同的食材組合，原則上以由大到小一層一層的包覆成型，包覆時也更要把內餡確實的包覆在油酥皮的中間。

○ 蛋黃的烘烤非常重要，新手在烘烤時需要在烤箱旁隨時觀察狀態，切勿烘烤出油過多，會影響其酥軟的口感。

JUJUBE PASTE MOONCAKE

和生月餅

麵團
糕漿
麵團

模型
月餅模

份量
約20個

保存
常溫5天
冷凍7天

Ingredients

〔糕漿麵團〕

全蛋 100g
糖粉 75g
蜂蜜 25g
水麥芽 20g
無鹽奶油 75g
奶粉 10g
低筋麵粉 325-350g
（取75-100g保留做調整軟硬度使用）
泡打粉 3g

〔內餡〕

棗泥餡 980g
核桃（烤過） 126g

〔蛋黃液〕

蛋黃 2個
全蛋 1個

商品的重點

○ 又稱「蛋皮」是台式月餅常見的類型，這類主要以糖、油、蛋、麵粉混合成製的糕皮，以酥鬆、硬酥或酥脆為特色。製作時糖、油、蛋的比例為調製重點，用糖量多餅皮較脆硬、蛋量多餅皮鬆酥、油量多餅皮酥鬆。

○ 製作餅皮時會預留部分調整軟硬度使用的粉，不會一次全部加入攪拌；通常會將攪拌完成的餅皮麵團，在使用前再把預留的粉加入麵團中拌勻。因為粉質會吸收水分，若在開始就一次加入，放室溫的餅皮會很快就變乾硬。

○ 和生月餅的皮與餡比例是皮少餡多，在整型時較不好操作，容易有內餡外露的情形。

國家圖書館出版品預行編目（CIP）資料

張宗賢 百吃不膩經典台味麵包 ／ 張宗賢著 . -- 初版 . -- 臺北市：原水文化出版：英屬蓋曼群島商家庭傳媒股份有限公司城邦分公司發行 , 2021.1

面；　公分 . --（烘焙職人系列；8）

ISBN 978-986-99816-2-0（平裝）

1. 點心食譜　2. 麵包

427.16　　109021028

烘焙職人系列 008

張宗賢 百吃不膩經典台味麵包

作　　者／張宗賢
特約主編／蘇雅一
責任編輯／潘玉女

行銷經理／王維君
業務經理／羅越華
總 編 輯／林小鈴
發 行 人／何飛鵬
出　　版／原水文化
台北市民生東路二段 141 號 8 樓
電話：02-25007008　　傳真：02-25027676
E-mail：H2O@cite.com.tw　Blog：http:citeh2o.pixnet.net/blog/
FB 粉絲專頁：https://www.facebook.com/citeh2o/
發　　行／英屬蓋曼群島商家庭傳媒股份有限公司城邦分公司
台北市中山區民生東路二段 141 號 11 樓
書虫客服服務專線：02-25007718・02-25007719
24 小時傳真服務：02-25001990・02-25001991
服務時間：週一至週五 09:30-12:00・13:30-17:00
讀者服務信箱 email：service@readingclub.com.tw
劃撥帳號／19863813　戶名：書虫股份有限公司
香港發行所／城邦（香港）出版集團有限公司
地址：香港灣仔駱克道 193 號東超商業中心 1 樓
Email：hkcite@biznetvigator.com
電話：(852)25086231　　傳真：(852) 25789337
馬新發行所／城邦（馬新）出版集團 Cite (Malaysia) Sdn. Bhd.
41, Jalan Radin Anum, Bandar Baru Sri Petaling,
57000 Kuala Lumpur, Malaysia.
電話：(603) 90578822　　傳真：(603) 90576622
電郵：cite@cite.com.my

美術設計／陳育彤
攝　　影／周禎和
製　　版／台欣彩色印刷製版股份有限公司
印　　刷／卡樂彩色製版印刷有限公司

城邦讀書花園
www.cite.com.tw

初　　版／2021 年 1 月 7 日
初版 2.5 刷／2023 年 1 月 31 日
定　　價／600 元

ISBN　978-986-99816-2-0